智能家电芯片开发教程

胡秧利　主　编

王　禹　副主编

中国劳动社会保障出版社

图书在版编目（CIP）数据

智能家电芯片开发教程 / 胡秧利主编. -- 北京：中国劳动社会保障出版社，2020
ISBN 978-7-5167-4171-9

Ⅰ.①智… Ⅱ.①胡… Ⅲ.①日用电气器具 – 芯片 – 设计 – 教材 Ⅳ.①TN430.2

中国版本图书馆 CIP 数据核字（2020）第 052482 号

中国劳动社会保障出版社出版发行

（北京市惠新东街 1 号 邮政编码：100029）

*

北京市艺辉印刷有限公司印刷装订 新华书店经销

787 毫米 × 1092 毫米 16 开本 11.5 印张 244 千字

2020 年 6 月第 1 版 2020 年 6 月第 1 次印刷

定价：29.00 元

读者服务部电话：（010）64929211/84209101/64921644

营销中心电话：（010）64962347

出版社网址：http://www.class.com.cn

前 言
PREFACE

随着电子技术和互联网技术的高速发展，家用电器品种越来越多，个性化、自动化程度越来越高，使用越来越便捷。特别是近年来越来越火爆的智能家居、物联网等概念更是将家电产品与互联网结合在一起，推动智能化家用电器日新月异地发展。万物互联的智能化世界让我们充满无限想象！

家用电器从手动操作的普通家电到自动操作的单机智能家电，再到目前的互联智能家电甚至人工智能家电，最关键的是让普通家电成为具有自动控制功能的单机智能家电。这种智能家电的实质就是嵌入一个智能芯片。智能芯片负责收集各种输入信号并进行自动处理，再输出到各种形式的负载，如电动机、加热器等，实现自动控制。

本书旨在让零起步的你，通过解读几款比较成熟的智能小家电如家居氧吧、紫外线治疗仪、干鞋器、按摩器、保温电热水壶、空调扇等现有功能，从按键输入到各种负载驱动，包括一键一用、一键多用、指示显示、电动机调速、温度控制等几乎涵盖了智能家电的输入输出处理，完成其智能芯片的开发。从体验智能家电的绝妙功能，到功能分析、智能芯片选择、输入输出分配、输入输出处理、外围电路解读、控制流程编制、C语言程序编写、软件仿真、芯片程序烧写等一系列实操活动，体验完整的智能芯片开发全过程。对于刚入门的新手，考虑到趣味性，本书安排了几个简单项目的电路搭建，做了一些实物验证。但智能芯片控制可实现的功能较多，本书介绍的智能芯片开发主要是从功能需求出发合理选择并配置智能芯片资源，熟练运用开发平台完成程序编制和调试，实现完美仿真。所以，对于项目五、六、七，本书只用仿真软件验证而省略了实物验证。

另外，结合目前最受广大开发商欢迎的开发平台 MAPLAB、仿真平台 Proteus 等，按"先用再学""边用边学""边学边用"的原则"手把手"地教你 C 语言的编程技巧，以及开发平台和仿真平台的巧妙使用。还有"爱问小博士""小窍门"等为你指点迷津，教你化解难题。

本书由胡秧利担任主编，王禹担任副主编。在本书的编写过程中得到了慈溪职业高级中学领导的大力支持，以及宁波市祈禧智能股份科技有限公司研发部部长兼电子工程师孙维根、公牛集团有限公司副总裁兼总工程师蔡映峰的支持和帮助。另外需要说明的是，为了保证一些文字符号和图形符号与所用软件中的一致，书中部分文字符号和图形符号并未按国家标准做统一处理，这点请广大读者注意。在编写过程中也参考了各种资料，包括网络资讯等，在此一并表示衷心的感谢！

一起开始吧！若有疑问或者发现了哪些差错，甚至你有更高妙招，请联系我们。谢谢！

目 录

CONTENTS

任务一 初识智能家电

一、目标要求

1. 能正确理解智能家电内涵。

2. 能了解智能家电现状和发展前景。

3. 能简单认识单片机。

4. 能按照产品说明书操作智能家用电器。

5. 能通过操作和观察梳理智能家电工作过程和输入、输出及相互关系等。

二、任务准备

为确保本任务的完成，需准备可上网计算机 1 台，智能型小家电 1 台，这里以某型号地面清洁机器人为例，如图 1—1 所示。

图 1—1 某品牌地面清洁机器人

a）遥控器 b）地面清洁机器人 c）充电座

三、任务认知与实施

【活动一】智能家电初体验

目前，市面上一款全自动智能地面吸尘器，又称地面清洁机器人非常热卖。它集拖地、扫地、吸尘于一体，不用人工和水就能将地面打扫干净。如图1—1所示的某品牌地面清洁机器人能自动识别灰尘，工作时可选择最佳清洁模式。机器人有防碰撞、防跌落设计，在碰到家具时，机器人的防碰撞功能会保护家具和机器人自身免受伤害。在碰到楼梯、台阶时，也不必担心它会摔下去，它的下视传感器可以保证它能清晰地辨别出高度大于80 mm的落差，当其工作到电量不足时自动返回到充电座充电，等待下一轮的打扫工作。其操作非常简单。

认真阅读操作说明书，按操作说明进行以下操作，仔细观察其工作过程，思考并完成以下几个问题：

1. 该机器人有几个按键？分别有什么作用？

2. 该机器人有几个指示灯？每个指示灯在工作过程中会有什么样的变化，分别指示什么？

3. 该机器人机身的运动形式有哪几种？你认为可以怎样实现？

4. 该机器人机身什么状况下改变运动形式？

5. 该机器人清扫头的运动形式有哪几种？是否与机身运动有关联？可否与机身运动共用一个电动机驱动？

该机器人有两种操作方式。一种是手动操作，另一种是预约自动操作。

手动操作：打开底部开关，面板指示灯的绿灯亮，再按该带指示灯的按键，机器人开始工作。需要停止时，按面板"开关"键，机器人便停止工作。或者电量不足时自动返回充电座充电。此项操作也可以由遥控器完成。

预约自动操作：预约自动操作必须由遥控器操作完成。打开底部开关，面板指示灯的绿灯亮。先设置时钟时间，按遥控器上的"时钟"键，再按"方向"键设定具体时间，按"时钟"键保存设定。接着设定预约清扫时间，按"预约"键进入预约模式，按"方向"键设定具体清扫时间，再按"预约"键保存预约。

一旦预约生效，机器人会每天准时在预约好的时间开始工作。若底部电源开关关闭，则预约全部清零，需重新进行预约设置。

【活动二】智能家电芯片初识

五花八门的智能家用电器其核心部件就是智能芯片。智能芯片实际上就是单片机，如果你向单片机内部输入"干什么？怎么干？"的程序，它就会按照你的要求工作了。单片机具有体积小、功能强、可靠性高的特点，可以构成一个体积很小的控制器件并作为一个零件嵌入家用电器内部。因此，这种家用电器又称为嵌入式家用电器。

智能家用电器的"智商"也是有高有低的。低智能家用电器指的是其中的单片机只对家用电器进行功能性控制，如普通的全自动洗衣机，它只将进水、漂洗、排水、甩干这几个工作过程进行组合工作。而真正意义上的智能洗衣机除了能实现上述基本工作外，还能有针对性地根据衣物质地、衣物数量、衣物污脏性质、污脏程度及水温情况等选择合理的洗涤剂、水量、水流状态等进行洗涤。这和一个人在洗衣时有思维的工作过程类同，甚至还可以接入互联网，让你随时随地、随心所欲地用手机控制，为你提供最贴心的服务。只有具备模拟人类智能功能且具有自动监测自身故障、自动测量、自动控制、自动调节与远方控制中心通信功能的家电设备才是真正意义上的智能家电。

 爱问小博士

单片机是什么？

单片机又称单片微控制器（Micro Controller Unit，MCU），由芯片内仅有 CPU 的专用处理器发展而来。

单片机最早的设计理念是通过将大量外围设备和 CPU 集成在一个芯片中，使计算机系统更小，从而更容易集成进复杂的而对体积要求严格的控制设备当中，主要应用于工业控制。它实际上就是采用超大规模集成电路技术，把具有数据处理能力的中央处理器 CPU、随机存储器 RAM、只读存储器 ROM、多种输入 / 输出（I/O）接口和中断系统、定时器 / 计时器等功能（有的还包括显示驱动电路、脉宽调制电路、模拟多路转换器、A/D 转换器等）的电路集成到一块芯片上，构成一个小而完善的微型计算机系统。和计算机相比，单片机只缺少了 I/O 设备。概括地讲：一块芯片就是一台没有输入 / 输出设备的计算机。如图 1—2 所示。图 1—2a 是 PIC12F508 单片机，只有 8 只引脚，属于 I/O 接口较少的单片机。也有 I/O 接口比较多的，如图 1—2d 是 80 只引脚单片机。一般 I/O 接口越多，相应内部的资源也就越多。

a)   b)   c)   d)

图 1—2　各种类型的单片机

a）DIP8 封装　b）DIP18 封装　c）TQFP-44 贴片封装　d）TQFP-80 贴片封装

1971 年，Intel 公司研制出世界上第一个 4 位的微处理器，标志着第一代微处理器问世。Zilog 公司于 1976 年开发的 Z80 微处理器，广泛用于微型计算机和工业自动控制设备。

当时，Zilog、Motorola 和 Intel 在微处理器领域三足鼎立。20 世纪 80 年代初，Intel 推出了 MCS-51 系列 8 位高档单片机。直到目前，MCS-51 系列单片机的应用领域还是相当广泛。随后又推出了 16 位机。

早期的单片机都是 8 位或 4 位的。其中最成功的是 Intel 的 8031，因其简单、可靠且性能不错获得了好评。此后在 8031 基础上发展出了 MCS51 系列单片机系统。基于这一系统的单片机系统直到现在还在广泛使用。20 世纪 90 年代后随着消费电子产品大发展，单片机技术得到了巨大的提高。

随着 Intel i960 系列特别是后来的 ARM 系列的广泛应用，32 位单片机迅速进入主流市场。而传统的 8 位单片机的性能也得到了飞速提高，处理能力比起 20 世纪 80 年代提高了数百倍。而且，大量专用的嵌入式操作系统被广泛应用在全系列的单片机上。而作为掌上电脑和手机核心处理的高端单片机甚至可以直接使用专用的 Windows 和 Linux 操作系统。

 爱问小博士

单片机到底有哪些优势？

单片机通过内部总线把计算机的各主要部件接为一体的结构形式及它所采取的半导体工艺，使其具有以下特点。

第一，它具有优异的性价比。第二，集成度高、可靠性高、体积小。单片机把各功能部件集成在一块芯片上，内部采用总线结构，减少了各芯片之间的连线，大大提高了单片机的可靠性与抗干扰能力。另外，其体积小，对于强磁场环境易于采取屏蔽措施，适合在恶劣环境下工作。第三，控制功能强。单片机的语句系统中有极丰富的转移语句、I/O 接口的逻辑操作以及位处理功能。单片机的逻辑控制功能及运行速度均高于同一档次的微机。第四，低功耗、低电压，便于生产便携式产品等。正是单片机独有的优势使其在各个领域都得到了迅猛的发展。

 爱问小博士

单片机都有哪些？

现代人类生活中几乎所用的每件电子和机电产品中都会集成有单片机。手机、电话、计算器、家用电器、电子玩具、掌上电脑以及鼠标等计算机配件中都配有 1~2 个单片机。汽车上一般配备 40 多个单片机，复杂的工业控制系统上甚至可能有数百个单片机在同时工作。单片机作为计算机发展的一个重要分支领域，根据目前发展情况，大致可以分为通用型与专用型、总线型与非总线型、工控型与家电型几类。

（1）通用型与专用型。这是按单片机适用范围来区分的。例如，80C51 是通用型单片机，它不是为某种专门用途设计的。专用型单片机是针对一类产品甚至某一个产品设计生产的，例如，为了满足电子体温计的要求，在单片机内集成 ADC（Analog to Digital Converter，模数变换器）接口等功能的温度测量控制电路。

（2）总线型与非总线型。这是按单片机是否提供并行总线来区分的。总线型单片机普遍设置有并行地址总线、数据总线、控制总线，这些引脚用以扩展并行外围器件，也都可通过串行口与单片机连接。非总线型单片机把所需要的外围器件及外设接口集成在一片内，许多情况下可以不要并行总线，大大节省封装成本及减小芯片体积。

（3）工控型与家电型。这是按照单片机大致应用的领域进行区分的。一般而言，工控型寻址范围大，运算能力强；用于家电的单片机多为专用型，通常是小封装、低价格，外围器件和外设接口集成度高。

当然，上述分类并不严格。如80C51类单片机既是通用型又是总线型，还可以作为工控用。

 爱问小博士

单片机可以用在什么地方？

目前单片机渗透到人们生活的各个领域。航空航天、导弹导航、飞机控制，计算机网络通信与数据传输，工业自动化过程实时控制和数据处理，各种智能IC（Integrated Circuit，集成电路）卡，汽车的安全保障系统，录像机、摄像机、全自动洗衣机等家用电器，以及程控玩具、电子宠物等，还有机器人、智能仪表、医疗器械，等等，都离不开单片机。

（1）智能仪器。采用单片机控制的测量仪表结合不同类型的传感器，使得仪器仪表数字化、智能化、微型化，如电压、电流、功率、频率、湿度、温度、流量、速度、厚度、角度、长度、硬度、元素、压力等物理量的测量仪表。如图1—3所示为几种常见的智能测量仪表。

a） b） c） d）

图1—3 各种智能仪器

a）智能水表 b）数字万用表 c）数显压力表 d）电子秤

（2）工业控制。工业控制中，用单片机可以构成形式多样的应用控制系统，如数据采集系统、通信系统、信号检测系统、无线感知系统、测控系统、机器人等，可以进行工厂流水线的智能化管理，电梯智能化控制、各种报警控制，还可以与计算机联网构成二级控制系统等。如图1—4所示为工业控制应用场景。

a）　　　　　　　　　　　　　　　　b）

图1—4　工业控制应用场景

a）工业机器人　b）工厂流水线的智能化管理系统

（3）家用电器。现在的家用电器广泛采用了单片机控制，从电饭煲、咖啡机、洗衣机、电冰箱、空调机、彩电、其他音响视频器材，再到智能家居等五花八门，如图1—5所示。

a）　　　　　　　　　b）　　　　　　　　　c）

图1—5　家电领域应用

a）智能电饭煲　b）智能咖啡机　c）智能灯光控制系统面板

（4）网络和通信。现代单片机普遍具备通信接口，可以很方便地与计算机进行数据通信，如手机、电话机、小型程控交换机、楼宇自动通信呼叫系统、列车无线通信、移动电话、无线电对讲机等。

（5）医用设备领域。单片机在医用设备中的用途也相当广泛，如医用呼吸机、各种分析仪、监护仪、超声诊断设备及病床呼叫系统等。如图1—6所示为家用血压仪和先进的可穿戴检测理疗设备。

图1—6　医疗领域应用

a）血压仪　b）可穿戴检测理疗设备

（6）模块化系统。某些专用单片机设计用于实现特定功能，从而在各种电路中进行模块化应用，而不要求使用人员了解其内部结构，如集成网卡、集成声卡等。在大型电路中，这种模块化应用极大地缩小了体积，简化了电路，降低了损坏、错误率，也方便更换。

（7）汽车电子领域。单片机在汽车电子领域中的应用非常广泛，如基于CAN（Controller Area Network，控制器局域网络）总线的汽车发动机智能电子控制器、GPS导航系统、ABS防抱死系统、制动系统、胎压检测、汽车仪表盘等。如图1—7所示为汽车仪表盘及GPS导航屏。

图1—7　汽车电子领域应用

a）洗车仪表盘　b）GPS导航屏

此外，单片机在工商、金融、科研、教育、电力、通信、物流和国防、航空航天等领域都有着十分广泛的用途。如图1—8所示为太空探测机器人及地对空导弹。

a）

b）

图 1—8　航空航天及军事领域应用

a）太空探测机器人　b）地对空导弹

综上所述，单片机已成为计算机发展和应用的一个重要方面，单片机的应用领域不胜枚举。单片机应用的重要意义还在于，它从根本上改变了传统的控制系统设计思想和设计方法。从前必须用硬件电路实现的大部分功能，现在已能用单片机通过软件方法来实现了。这种软件代替硬件的控制技术也称为微控制技术，是传统控制技术的一次革命。

【活动三】家用电器小调查

目前，家用电器市场比较成熟，差不多每家每户都有几款。说一说你所用到的、看到的甚至听说过的家用电器功能、特点、智能化程度、价格等，填入表 1—1 中。

表 1—1　　　　　　　　　　　　　家用电器大比拼

名称		购买日期		价格		有无芯片	
功能、特点							
你认为有待改进的地方							
你认为可以增加或需要增加的功能							

【活动四】资讯搜索大比拼

要求每位学员通过各种渠道搜索有关智能家电、单片机、家电专用芯片等相关资讯，包括发展历史、应用领域、发展前景等，并撰写书面材料。该活动可以采用小组讨论形式，哪些内容是你比较感兴趣的，哪些内容你已经清楚了，哪些内容还需要强化。你是否有更好的建议或想法。

四、任务评价

初识智能家电任务评价见表1—2。

表1—2　　　　　　　　　　　初识智能家电任务评价

任务内容	配分	评分标准		扣分
任务认知	50	（1）不能说出智能家电内涵	扣10分	
		（2）不能区分智能家电的两个智能层次	扣10分	
		（3）不能说出单片机的发展	扣5~10分	
		（4）不能说出单片机的分类	扣10分	
		（5）不能说出单片机的应用	扣10分	
任务实施	40	（1）不能按说明书操作使用	扣10分	
		（2）不能说出两种以上电器产品功能特点	扣10分	
		（3）回答活动一中5个问题	少1个扣2分	
		（4）不能上网搜索相关信息	扣5分	
		（5）不能完成调查报告	扣5分	
安全文明生产	10	违反安全及文明生产规程	扣10分	
得分				

任务二　智能家电指示灯控制的实现

一、目标要求

1. 能按要求搭接指示灯电路，点亮 LED 指示灯。
2. 能安装单片机编程环境 MAPLAB IDE。
3. 能初步使用 MAPLAB IDE 软件，修改已有源代码并进行编译。
4. 能进行调试硬件连接、烧录程序并完成指示灯闪烁控制功能。

二、任务准备

为确保本任务的完成，需按表1—3准备工具和器件。其中单片机 PIC12F508 需提前将 F508.c 源代码程序编译后烧录完成。F508.c 源代码程序如下：

```
#include<pic.h>
Void delay (unsigned int t)
{
    While (--t);
}
Void main ( )
{
  TRIS=0x08;
  GPIC=0;
  While (1);
    {
      GP0=1;
    }
}
```

表1—3   任务二材料清单

名称	型号规格	数量	图示	备注
计算机	通用	1台		联网
开发软件	MAPLAB IDE V8.20a 安装包			开发软件
电子制作工具	常规	1套		万用表、斜口钳、镊子、电烙铁及搁架、焊锡丝、松香等安装、调试用
多孔 PCB（Printed Circuit Board，印制电路板）	常规	1块		用于制作烧写适配器
单片机	PIC12F508 DIP8	1个		已烧录 F508.c 的编译程序
烧录器	MPLAB ICD 2	1个		将计算机上编译完成的芯片控制程序下载到芯片中
烧录器附件	烧写座、杜邦线、排针		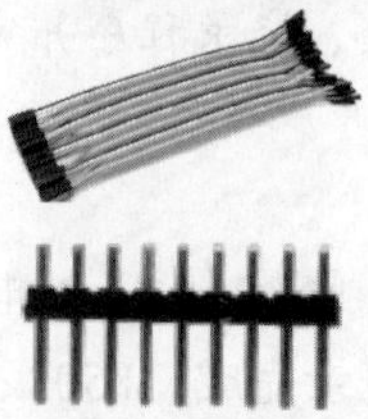	连接线

续表

名称	型号规格	数量	图示	备注
电阻	360 Ω	1 个		搭接指示灯电路用
发光二极管	φ3 红色	1 个		搭接指示灯电路用
电池、电池盒	5 号	3 节		搭接指示灯电路用
面包板、连接导线		若干		搭接指示灯电路用

三、任务认知与实施

【活动一】智能家电指示灯点亮

一款电器产品上经常会有各种各样的指示灯,指示灯基本上都采用不同颜色的发光二极管,如图 1—9 所示。

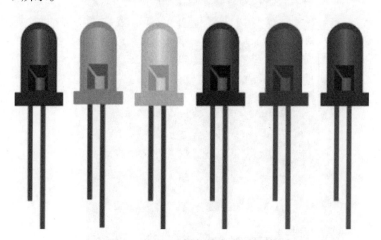

图 1—9 不同颜色的发光二极管

一般的指示灯控制非常简单,只需将电源与指示灯连接,或者加一个硬控制开关,如电源指示灯。但有些指示灯需要一些明确的功能指示,如任务一中地面清洁机器人的面板指示灯,它包含电源指示、工作状态指示、电量指示、充电指示等多种功能,而且除了简单的亮、灭外还有闪烁等显示方式。如果采用硬开关控制,不仅电路复杂、成本高、故障率高、操作不灵活,而且还影响美观。如果采用单片机控制,则一片搞定。而且很多功能的改变只需改变程序，无须改变或稍微改变硬件，为产品设计、升级等带来了极大方便。如图 1—10 所示为由单片机 PIC12F508（已烧录 F508.c 源代码编译后的编译程序）完成的智能家电指示电路搭接实物图和搭接细节。

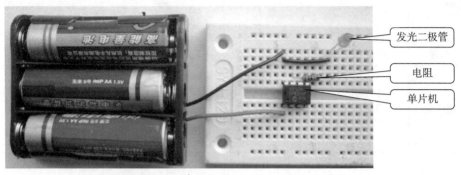

发光二极管

电阻

单片机

a）

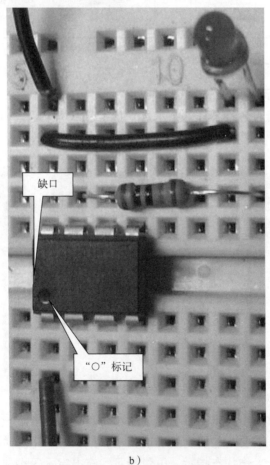

缺口

"○"标记

b）

图 1—10　智能家电指示灯电路搭接实物图及细节

a）搭接实物图　b）搭接细节

注意单片机面板上缺口朝左，下端"〇"标记处的引脚为1，逆时针依次排列，具体连接电路如图1—11所示。由电路可知，若要点亮LED灯，只需要GP0端（7引脚）输出一个高电平。

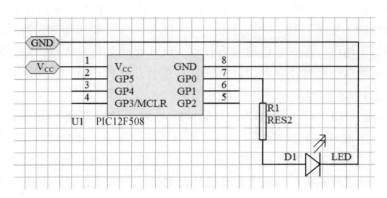

图1—11　智能家电指示灯电路原理图

注：图中的"D"和"![symbol]"对应国家标准中的"VL"和"![symbol]"，下同。

电路搭接完成后，接上电池，注意观察指示灯情况，此时指示灯点亮；撤去电池，指示灯立即熄灭。这个电路没有用到开关，接上电源后，单片机PIC12F508立即开始运行已录入的F508.c源代码编译程序，让GP0（7引脚）输出高电平，点亮LED灯；撤去电源，程序运行停止，GP0（7引脚）无输出，LED灯熄灭，可用于电源指示等。

【活动二】智能芯片开发准备

1. 项目流程

一个完整的单片机项目的开发一般包括项目需求分析和评估及项目实施两个环节，具体流程如下：

（1）项目需求分析和评估

1）项目需求分析。项目需求分析是厘清产品要实现的功能及要达到的效果。简单的产品可能用一句话就能表达清楚，而复杂的产品功能往往要写成一份详细的文档。无论需求详略，都应形成需求分析文档，与客户共同签字确认，确定开发的目标，也可作为设计后期客户修改需求的依据。

2）项目评估。项目评估要给出初步技术开发方案，包括单片机的选型、外围电路方案等，形成设计文档，并据此做出预算，将项目实施中可能的开发成本、开发时长、样品制造成本、耗时和利润空间等全部罗列清楚。然后根据项目的性质和细节评估风险，最终决定是否执行该项目。

（2）项目实施

1）设计电路原理图。电路设计首先要考虑单片机选型和外围功能电路，确定好单片机的资源分配和软件框架、通信协议等，尽量避免出现当电路设计好后，才发现达不到项目要求的情况。有时还需要考虑外壳结构、元件供货、生产成本等因素，必要时搭一些实验电路以验证具体的实现方法。设计中任何的失误都可能要推倒重来，增加项目成本和时间。所以对一些没有把握的技术难点应尽量去核实。

2）设计 PCB 图。完成电路原理图设计后，根据技术方案的需要设计 PCB 图，这一步需要考虑机械结构、装配过程、外壳造型、尺寸细节、所有要用到的元器件的精确三维尺寸、制板厂的加工精度、散热、电磁兼容性等。PCB 布线要符合规范，如强弱电间距等都有明确和具体的要求。经验丰富的设计师通常只需要几次打样就可以将电路板定型。新设计师常常需要几十次修改电路原理图和 PCB 图。

3）PCB 制板。PCB 制板一般都外包给制板厂完成。设计师最好将加工要求尽可能详细地写下来，与 PCB 文件一起发给工厂，并与制板厂保持沟通，及时解决加工中可能出现的一些相关问题。尤其是特殊要求的电路板或要通过欧盟、美国等国家认证的电路板，部分的制作工艺需要特别跟制板厂协商个性化的处理方案。这里可先制作 10 片左右的样板，以防后续修改较大时损失太大。

4）装配焊接样板（机）。PCB 板拿到后开始装配若干台样机。这个环节通常也能发现设计中的一些错误，首先考虑尽量去补救，若补救成本过高或无效，重新回到前面环节修改设计。

5）软件编程和调试。软件编程环节，根据需求分析和设计文档，编写控制程序。这个过程可能会用到软件仿真或者直接在样机上调试。必要时还要模拟产品的工作环境等。常常会因为设计阶段的疏忽或错误而不得不对样机"动手术"，等整个调试全部完成后，样机的电路板可能已经面目全非了。

6）产品测试。产品软硬件都完成后，就可以做产品测试了。首先是功能测试，在前一个环节一般都做了基本的功能测试，这里主要是系统地、全面地再检测一次。其次是产品认证。部分出口的产品还要先去上海等地的专业实验室先做产品认证，确保产品的辐射、抗干扰等性能符合相应的规范。检测不合格还需要回到电路设计环节修改设计。例如，欧盟的"UL"认证，对产品的要求尤为严格。中国的电气产品也需要通过"CCC"认证。

7）整理文档和数据。到了这一步，项目开发的大部分工作都已经完成了，这时需要将样机研发过程中的重要数据记录保存下来，如电路原理图里的元件参数、PCB 元件库里的三维模型，还要做好文档记录，将设计上的失误、分析失误的原因、采用的补救措施、方案等全部记录在案。

8）编写设备文档。包括编写产品说明书、拍摄外观图片等，如果设备需要和计算机通信，还得写好与计算机的接口标准和通信协议。

2. 工具准备

显然，为了完成一定的智能功能，单片机必须与外围电路配合。本书主要是根据功能需求合理选择、配置智能芯片，并完成编程、调试、仿真，最后还要把编写的程序写入单片机（又称烧写芯片），完成样机。因此，必须要准备相关的硬件工具和软件工具。

（1）硬件工具。单片机须与外围电路密切协作才能真正发挥一个产品的作用，需要完成焊接、安装、编程、调试等工作，所以要准备常规的硬件工具。一套电子制作工具，包括万用表、斜口钳，电烙铁等；一台计算机，又称上位机，计算机的配置要求不高，最低端的计算机都可以很好地胜任这些任务。一个编程器，将编好的代码"烧"入单片机，这里选用 MAPLAB 的 ICD 2。条件许可，最好再准备一个硬件仿真器，方便通过计算机在线调试程序。

（2）软件工具。单片机之所以能实现各种智能化控制关键在于人们将这种智能控制的功能按一定的规则编制了一套程序，存放在单片机的内置 ROM 中，只要满足程序执行条件，单片机就能按程序实现各种控制功能。程序的编辑和编译需要安装相应的编程软件、模拟仿真软件、调试软件等。为了方便开发，单片机供应商通常会将相关的各种编辑、编译、调试工具集成在一起，成为集成开发环境，英文是 Integrated Develop Environment，简称 IDE。

Microchip 为开发者提供了 MAPLAB IDE 编程开发环境。单片机生产厂家的开发平台在兼容性及效率方面有着与生俱来的优势，而且，MAPLAB IDE 是免费的，可以从 Microchip 公司主页下载，软件版本会不断升级，本书采用的版本是 V8.20a。

从家电开发、能用、够用的角度出发，本书案例均使用 MAPLAB V8.20a 开发。按下列步骤安装 MAPLAB IDE8.20a。

将下载的文件解压，一般会得到 9 个安装文件，双击 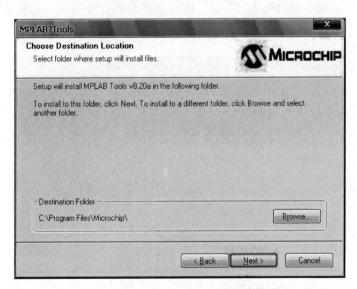 运行 Install_MAPLAB_8_20a.exe 安装程序。与大多数的 Windows 程序一样，安装过程中会出现一些设置供用户调整，一般可使用默认设置，单击"Next"按钮继续安装，如图 1—12 所示。

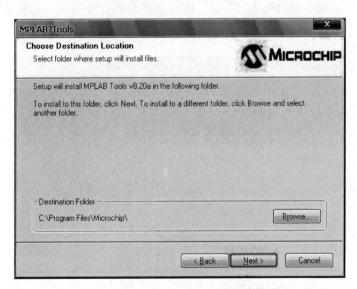

图 1—12　MAPLAB_8_20a 安装界面

上述环节用户可以自定义安装路径，但需要注意的是，MAPLAB 对中文支持并不友好，不能被安装到中文目录下；否则，会出现无法建立工程等许多问题。接下来的安装过程仍旧使用默认设置继续安装。

安装的最后阶段，安装程序将会询问用户是否安装 C 编译器，如图 1—13 所示。如果要使用 C 语言编写程序，则可选择"是（Y）"。MAPLAB 默认支持汇编编程，但 MAPLAB 附带的第三方 HI-TECH 公司的 HI-TECH 9.60 免费版的 C 编译器供教学使用。其中开放了一些低端单片机和教学上常用 PIC 单片机的基本编译及部分代码优化功能。本书案例使用的几款单片机均可使用 HI-TECH 公司的免费版编译器。真正产品开发中，如果资源紧张，需要尽可能多地使用 PIC 单片机功能的话，推荐购买 HI-TECH 专业版的 C 编译器。

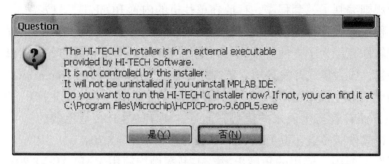

图 1—13　C 编译器安装询问界面

这里选择"是（Y）"继续下一步安装。以下也推荐使用默认设置，单击"Next"按钮继续安装后出现如图 1—14 所示界面。这里推荐将"Add to environment"选中，这样安装程序就能自动把 PICC 的 C 编译器集成到 MAPLAB 中，可以省去以后进入 MAPLAB 再去设置编译器路径等许多步骤。继续单击"Next"按钮直到全部安装完成。安装完成后重新启动计算机即可。

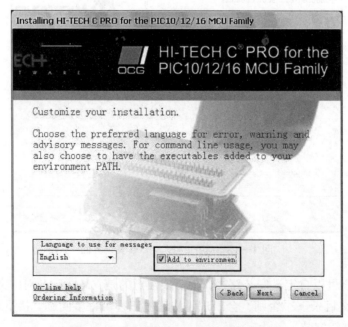

图 1—14　添加到 MAPLAB 集成环境界面

【活动三】修改程序实现指示灯闪烁

要将活动一的指示灯点亮改变成指示灯闪烁，在单片机控制的电路中只需要修改控制程序就可以实现，无须增加任何元器件，也无须改变电路，彰显单片机控制优势。接下来，利用已安装完毕的 Microchip 的 MAPLAB IDE 软件，修改单片机控制程序，实现指示灯闪烁。单片机控制程序的生成一定要经过以下几个环节。

首先在开发软件 MAPLAB IDE 中建立一个工程，工程后缀为"*.mcp*"，然后在该工程的源代码文件组（Source Files）中建立一个源代码文件，源代码后缀为"*.c*"，再通过编译生成后缀为"*.hex*"的编译文件。这个后缀为"*.hex*"的文件才是单片机真正能执行的程序。

实际生活中，通常将建一幢房子的一系列活动称为一个工程。与此类似，MAPLAB 中每一个单片机项目的开发也称为一个工程，以工程的方式组织管理，以期得到最高的开发效率。在活动一中点亮 LED 指示灯的程序源代码 F508.c 已存放在 D：\MyProjs\Proj1 目录下工程名为 Proj1 的 Source Files（源代码文件组）中。

第一步，打开工程文件。打开 D：\MyProjs\Proj1 目录，页面显示如图 1—15 所示。按工程管理惯例，一个项目需要的文件通常都会存储到一起。所以该文件夹里显示有很多文件，这会令新手无从下手，到底哪个是要修改的源程序？仔细观察，有两个文件图标色彩特别醒目，红蓝白相间，就是刚刚安装的 MAPLAB 的图标。如果将鼠标指针在这个文件上方稍作停留，将弹出文件的相关信息，如图 1—15 所示，该文件类型是 Microchip MAPLAB Project（MAPLAB 工程），大小为 854 字节。

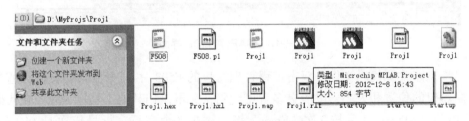

图 1—15 工程存储文件夹

双击打开 854 字节的那个 Proj1 文件（两个有图标文件里较小的一个，通常小于 2 K 字节），计算机会自动运行 MAPLAB IDE 集成开发软件，如图 1—16 所示。

整个界面是常见的 Windows 窗口风格，顶端是菜单栏、编辑工具栏、工程管理器工具栏等常用工具栏。工具栏上是一个个工具按钮，鼠标指针在各工具按钮上停留，便会弹出按钮功能提示。整个界面的左边是工程文件列表，树状结构，双击展开，可以看到工程 Proj1.mcp 下的 Source Files（源代码文件组）下有一个 F508.c 文件，这就是活动一中点亮 LED 灯的源代码文件。右边是源文件代码编辑窗口，可以编写、修改程序代码。源文件代码编辑窗口下方有个 Output 输出信息窗口，编译代码产生的警告、错误提示及最后生成的单片机程序文件大小等信息都显示在这个窗口。整个界面的最下面是状态栏，状态栏第二节段显示当前工程所用的单片机型号：PIC12F508。

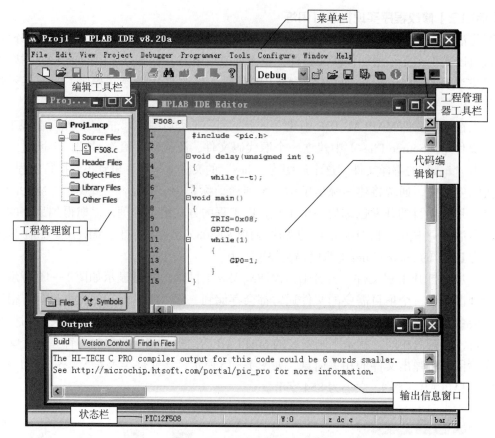

图 1—16　MAPLAB IDE 界面

第二步，修改源代码文件。双击工程管理窗口的 F508.c，打开源代码文件，适当调整代码编辑窗口的位置和大小，以能更多看见代码，又不遮挡其他工具栏为宜。在代码编辑窗口第 13 行"GP0=1;"后按 3 次"Enter"键，添加 3 个空行，行号依次是 14、15、16。第 14 行和第 16 行都输入"delay（20000）;"，第 15 行输入"GP0=0;"，单击编辑工具栏的 🖫 "保存"按钮。代码修改完毕（注意：输入内容不包含引号。代码里的"（）"小括号，";"分号等都是 C 语言的代码格式，用英文半角字符，输入代码时，为避免输错，建议先切换到英文输入法再输入代码）。修改后源代码如下：

#include<pic.h>

Void delay (unsigned int t)

{

　　While (--t);

}

Void main ( )

{

```
TRIS=0x08;
GPIC=0;
While (1);
    {
        GP0=1;
        Delay (20000);
        GP0=0;
        Delay (20000);
    }
}
```

 爱问小博士

这里"GP0=1;""GP0=0;""delay（20000）;"表示什么?

GP0=1 表示 GP0（即 7 引脚）端输出为高电平，此时 LED 指示灯点亮；GP0=0 表示 GP0 端输出为低电平，此时 LED 指示灯熄灭；delay（20000）表示执行空语句 20 000 次，约延时 260ms；";"是 C 语言语句的结束标记。

第三步，编译修改后的代码。鼠标指针移到工程管理器工具栏 ■（Build）按钮上，停留 2 s 左右，弹出提示"Build with PRO for the PIC10/12/16 MCU family（Lite）V9.60PL5"，如图 1—17 所示。单击 ■ 编译代码，如果输入无错误，输出信息窗口将看到"Build successful!"（编译成功！）信息，如图 1—18 所示。同时 D：\MyProjs\Proj1\ 文件夹下重新生成 Proj1.hex 文件。这就是通常所说的单片机程序。

图 1—17　编译及重编译按钮

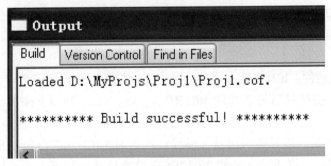

图 1—18　编译成功提示信息

【活动四】运用 MAPLAB ICD 2 烧写芯片

编译生成的 .hex 文件可以导入单片机仿真平台模拟运行，也可以通过编程器"烧写"入单片机芯片，使其具备相应的控制功能。MAPLAB 的 ICD 2 在线调试工具，同时也具有编程器功能，可以烧写 Microchip 公司的大部分 Flash 工艺的单片机，如图 1—19 所示。

图 1—19　ICD 2 外观

ICD 2 是 Microchip 公司推出的一款可以支持大部分 Flash 工艺芯片、功能强大、价格低廉、高运行速度的开发工具，它利用 Flash 工艺芯片的程序区自读写功能来实现仿真调试功能。它不仅可以用作调试器，同时还可以作为开发型 / 生产型的烧写器使用。配合 Microchip 的 MAPLAB IDE 可直接将程序下载到单片机。而且对于 Microchip 最新推出的单片机升级速度快，升级只需下载新版本的软件就行，不需要更换硬件，零成本升级。

ICD 2 还有以下一些突出的优点：在量产时可直接与目标板相连，而不需要频繁地先取下单片机再插上仿真头，大大提高烧写效率；而且，ICD 2 还可以直接对目标应用进行再编程，不需要其他连接或设备；再有，就是价格低，成本上仅是 ICE 仿真器价格的十分之一，同时还具备烧写器的功能，可无限制地免费升级不断支持新器件，还可以做很多以前需要在昂贵的硬件上才能实现的功能。Microchip 在国内授权贝能科技（深圳）有限公司生产 ICD 2 等系列产品。

ICD 2 的顶端有 Mini USB 接口，通过 USB 线连接到计算机。ICD 2 的底端有 6 只引脚输出（其中只有 5 只引脚起作用），连接单片机烧写座。具体操作步骤如下。

第一步，安装 ICD 2 驱动。ICD 2 第一次连上计算机，计算机马上会提示发现新硬件，弹出新硬件向导窗口。如图 1—20 所示，单击"下一步"按钮继续。安装过程如果提示缺少文件，如图 1—21 所示，则选择浏览到 MAPLAB 的安装目录下寻找。所需的文件一般在 C：\Program Files\Microchip\MAPLAB IDE\ICD2\Drivers 目录下。安装完成后的界面如图 1—22 所示。

第二步，连接硬件。ICD 2 另一端需连接烧写适配板。烧写适配板可以购买成品，也可以自行搭建。自行搭建只需将芯片的 MCLR/V_{PP}、V_{DD}、V_{SS}、PC（Pdat）、PD（Pclk）5 根线依次引出，编号 1~5，如图 1—23 所示。无论是少到 8 只引脚的，还是多到 80 只引脚的 Flash 工艺 PIC 单片机，均只需引出这 5 根线。连接时，ICD 2 的白色三角形指示的引脚连接 1 号线。连接完毕，将活动一中的 PIC12F508 单片机从面包板上小心取下，插到烧写适配座上，如图 1—24 所示。

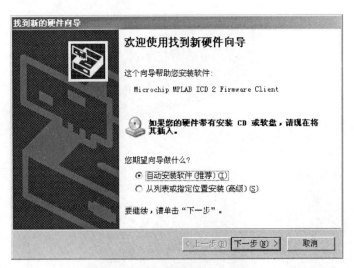

图 1—20　发现新硬件 ICD 2

图 1—21　定位所需的文件

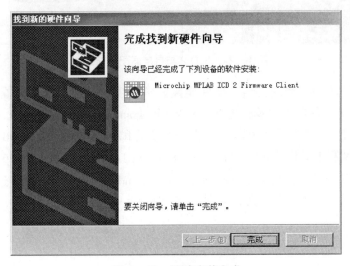

图 1—22　驱动安装完成

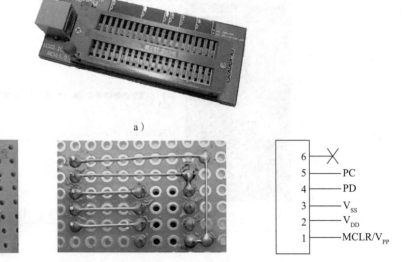

图1—23　烧写适配器

a）成品烧写适配器　b）自制烧写适配器　c）引脚引出次序

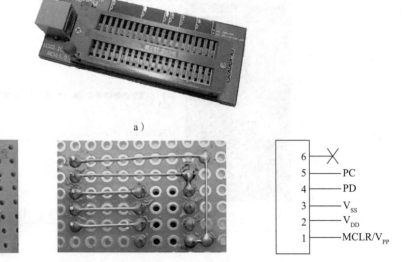

图1—24　ICD 2 与自制适配器连接

第三步，选择ICD 2为编程器。硬件连接完毕，接下来进行软件设置。打开MAPLAB的"Programmer"（编程器）菜单，选择"Select Programmer"下的"MAPLAB ICD 2"，如图1—25所示。此时，由于安装了ICD 2驱动及连接了ICD 2硬件，MAPLAB IDE的工具栏上增加一条ICD 2编程工具栏（MAPLAB ICD 2 Program Toolbar），如图1—26所示。工具栏上的按钮都是灰色的，单击最后一个 ⊛ 按钮（Reset and Connect to ICD），连接ICD 2。连接成功后，工具按钮均变为彩色图案，如图1—27所示。

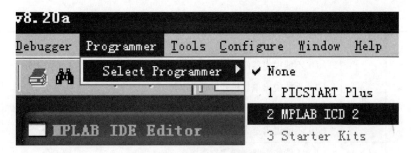

图 1—25　选择 ICD 2 为编程器

图 1—26　ICD 2 编程工具栏

图 1—27　连接 ICD 2 后的编程工具栏

第四步，烧写程序。ICD 2 编程工具栏的第一个按钮即为编程按钮（Program Target Device），单击 按钮，1 s 之内程序即成功"烧"入 PIC12F508。

第五步，实际电路验证程序。将烧录完成的单片机 PIC12F508 按活动一电路装回面包板，接通电源可以观察到 LED 指示灯的闪烁现象。

 思考

1. 指示灯的亮、灭是怎么实现的？

2. 指示灯闪烁过程中的时间间隔是怎么实现的？如果需要改变间隔时间怎样实现？

3. 如将图 1—11 中的 LED 指示灯连接改成共阳方式，怎样才能实现指示灯点亮及指示灯闪烁？

四、任务评价

单片机编程环境 MAPLAB IDE 安装与调试任务评价见表 1—4。

表 1—4　　　　　　　　　单片机编程环境 MAPLAB IDE 安装与调试任务评价

任务内容	配分	评分标准		扣分
任务认知	30	（1）不能说出器件名称	1 个扣 2 分	
		（2）不能说出单片机开发硬件工具	扣 5 分	
		（3）不能说出单片机开发软件工具	扣 10 分	
		（4）不能说出至少 2 款单片机开发软件	扣 5 分	
任务实施	60	（1）不能按电路进行实物搭接	扣 5 分	
		（2）不能下载单片机编程环境 MAPLAB IDE	扣 5 分	
		（3）不能正确安装编程环境	扣 5 分	
		（4）不能按要求修改程序	扣 5 分	
		（5）不能进行代码编译	扣 5 分	
		（6）不能单独制作烧写适配器	扣 5 分	
		（7）不能连接 ICD 2 编程器	扣 5 分	
		（8）不能进行芯片烧写	扣 5 分	
		（9）不能点亮 LED 指示灯	扣 5 分	
		（10）不能实现 LED 指示灯闪烁	扣 5 分	
		（11）不能回答思考题	1 个扣 2 分	
安全文明生产	10	违反安全生产规程	扣 10 分	
得分				

任务三　智能家电指示灯控制的软件仿真

一、目标要求

1. 能安装单片机电路仿真软件 Proteus 7.1 SP2。

2. 能使用仿真软件 Proteus 7.1 SP2 进行简单程序仿真。

二、任务准备

本任务主要学习单片机软件仿真，采用 Proteus 仿真软件，只需准备通用联网计算机 1 台，Proteus 7.1 SP2 安装包 1 个。

三、任务认知与实施

【活动一】Proteus 仿真软件安装

单片机开发常常需要反复调试，特别是要与外围电路配合增加了调试的成本，也使开发效率大大降低。对于单片机的开发项目，使用软件仿真进行初期调试，可以大幅提高开发效率，也大大减少了硬件投入，节约开发成本。在众多的仿真软件中，Proteus 无疑是优秀的软件之一。

Proteus 软件是英国 Labcenter electronics 公司推出的 EDA 工具软件（电子仿真软件），是一个组合了高级原理布图、混合模式 SPICE 仿真、PCB 设计以及自动布线功能的完整的电子设计系统。Proteus 软件有十多年的历史，在全球被广泛使用，其革命性的功能是，它的电路仿真是互动的，针对微处理器的应用，还可以直接在基于原理图的虚拟原型上编程，可以与 IAR、Keil、MAPLAB IDE 配合，进行源代码级的实时调试。配合系统配置的虚拟仪器如示波器、逻辑分析仪等，不需要别的硬件就能看到运行后输入、输出的效果。尤其重要的是，Proteus Lite 可以完全免费，也可以花少量费用注册达到更好的效果。Proteus 产品系列也包含了 VSM（Virtual Simulation Model，虚拟仿真模式）技术，用户可以对基于微控制器的设计连同所有的外围电子器件一起仿真。用户甚至可以实时采用诸如 LED/LCD、键盘、RS232 终端等动态外设模型来对设计进行交互仿真。它是目前较好的仿真单片机及外围器件的工具之一，为用户建立了完备的电子设计开发环境！

Proteus 7.1 SP2 的安装比较简单。具体操作步骤如下：

安装 Proteus 7.1 SP2。Proteus 的安装过程与普通 Windows 程序相似，以 Proteus 7.1 SP2 为例，将压缩包解压缩后，得到 5 个文件及文件夹，如图 1—28 所示。

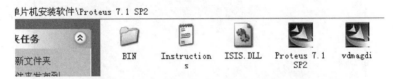

图 1—28　解压 Proteus 7.1 SP2 后的文件

第一步，运行安装程序。双击"Proteus 7.1 SP2.exe"执行安装程序，安装过程建议跟随向导，没特别说明的可使用默认选项，单击"Next"或"Yes"按钮，如图 1—29 所示。

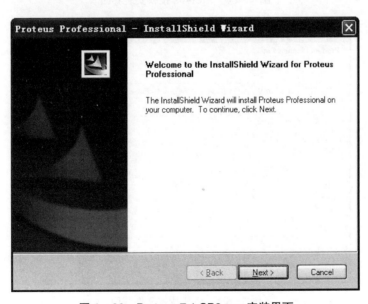

图 1—29　Proteus 7.1 SP2.exe 安装界面

第二步，安装 Proteus 授权。Proteus 受知识产权保护，其中的一些功能需要购买授权才能使用，在图 1—30 所示的步骤中，要求为 Proteus 选择授权文件。一般购买的 Proteus 软件都会附有相应的授权文件。用户可以把授权文件复制到计算机备份。授权分为两种，一种是服务器授权，在服务器上安装一个多用户授权，其余的计算机连接到服务器获得使用许可，通常是大型企业或学校单位会购买该方式的授权。如果是这种方式，选择第二项 "Use a licence key installed on a server"（使用服务器授权）。另一种是个人用户或小公司购买单机授权，每一台计算机使用一个授权，选择 "Use a locally installed Licence Key"（本地授权），单击 "Next" 按钮，弹出一个生成授权文件窗口，如图 1—31 所示。同时提示单机授权文件的扩展名为 LXK。

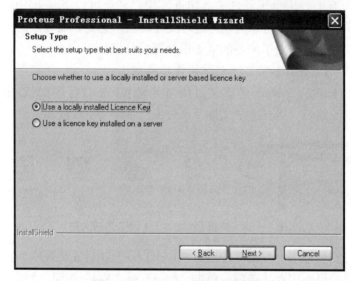

图 1—30　Proteus 授权安装界面

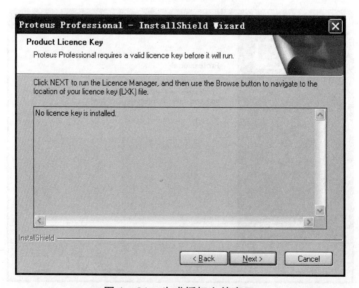

图 1—31　生成授权文件窗口

再单击"Next"按钮，安装程序将自动运行授权管理器，如图1—32所示。授权文件位置可以单击"Browse For Key File"（浏览授权文件）自己指定，也可以直接单击"Find All Key Fils"按钮，自动搜索计算机里所有的".LXK"文件，找到后依次列在窗口左半屏。每个授权文件包含不同型号的器件使用许可，以树状结构列出。选择一个授权文件后，原来灰色的"Install"按钮被激活变成黑色，单击"Install"按钮安装授权文件，在弹出的对话框中选择"是（Y）"，对应的授权文件就安装入当前计算机，列在窗口的右半屏，如图1—33所示。单击"Close"按钮关闭授权管理器。

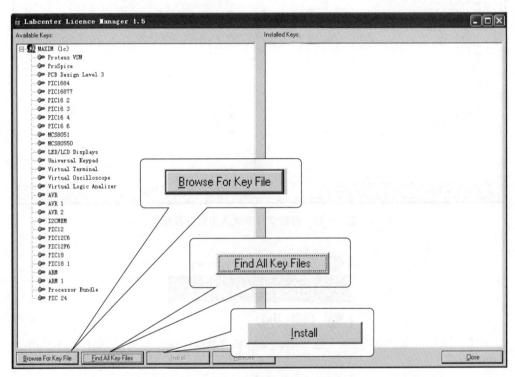

图1—32 自动运行授权管理器

第三步，继续安装。这部分主要是设置安装路径等选项，Proteus虽然是英文版软件，但对中文支持特别好，不需要额外关注中文路径等问题，按默认设置继续安装，直到安装过程完成。

【活动二】Proteus 工程新建

安装完毕，单击"开始"→"所有程序"→"Proteus 7 Professional"菜单下的蓝色图标"ISIS 7 Professional"运行 ISIS 软件，如图1—34所示。本书中主要使用 Proteus ISIS 绘制原理图，调用强大的仿真功能仿真单片机运行。另一个设计 PCB 工具 ARES 没有使用，书中提到的 Proteus 均是指 Proteus ISIS，以下不再赘述。Proteus ISIS 软件启动后将会弹出一个对话框询问是否要查看它自带的例程，如图1—35所示，选择"No"，软件默认为用户建立一个空白文件后进入软件主界面，如图1—36所示。

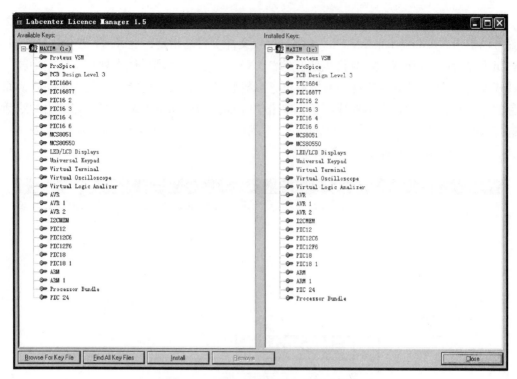

图1—33　授权文件安装入当前计算机

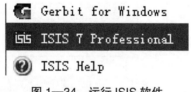

图1—34　运行ISIS软件

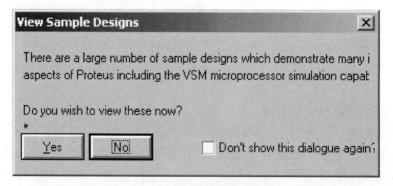

图1—35　自带的例程询问对话框

　　Proteus软件运行界面也是大家熟悉的Windows风格的，菜单栏的菜单项包含Proteus所有功能。工具栏列出了最常用的一些功能，主要分布在菜单栏下方和窗口左边。鼠标在每个工具栏按钮上停留，均会弹出提示说明。菜单栏下方的工具栏是一些通用性的功能，有文件工具栏、编辑工具栏和查看工具栏，熟悉 Windows 操作的用户比较容易理解，尝试几次就能无师自通。而设计工具栏和界面最左侧的模式选择工具栏专业性较强，也是 Proteus 的特色所在，在后续的项目里慢慢练习使用。下面先来画一幅简单的电路图，把任务二中搭建的指示灯电路用 Proteus 软件仿真，体验 Proteus 的便捷与强大。

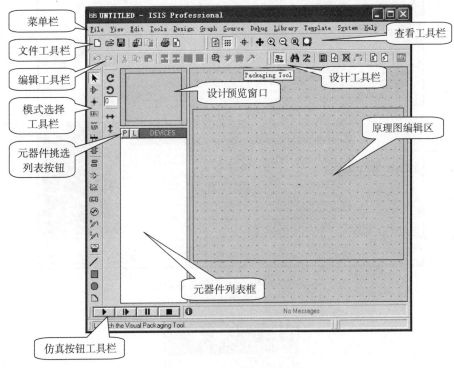

图 1—36　ISIS 软件主界面

第一步，新建文件。直接单击文件工具栏上 □ "新文件"（New File）按钮，Proteus 会以默认模板建立一个原理图设计文件，如图 1—36 所示。创建新设计文件后，建议在开始后续步骤之前先将文件保存到指定位置，后续操作经常要记得按 Ctrl+S 快捷键保存设置。这也是一个良好的职业习惯。文件的默认扩展名是 ".DSN"，文件可以保存到硬盘上的任意位置。建议保存到 D：\MyProjs\Proj1\ 目录下。

第二步，选择元器件。搭面包板时，用到了单片机、电阻、LED 灯、电源（电池盒）4 种元器件，Proteus 中画电路图也需要用到这 4 种元器件，应先把这 4 种元器件添加进来。默认情况下，模式选择工具栏上选中的是 ⯈ 元器件模式，为保险起见先单击模式选择工具栏中的 ⯈ ，再单击其右侧元器件挑选列表窗口的 "P" 按钮或键盘上快捷键 "P"，将会弹出元器件挑选窗口（Pick Devices），如图 1—37 所示。

在打开的元器件挑选窗口左上角的 "搜索关键字" 栏（Keywords）输入 "led"，可以看到右边搜索结果列出了 128 个包含 "led" 的结果，挑选一个红颜色显示的 "LED-RED"

元件，双击即可添加到元器件列表。用同样的方法，依次再添加两个元件"PIC12C508A""RES"。添加完毕，单击"OK"按钮关闭元件挑选窗口。元器件列表框列出的选择结果如图1—38所示。电源的添加可在终端模式中完成，具体见第三步。

图1—37 Proteus 元器件挑选窗口

图1—38 元器件列表框列出的选择结果

 爱问小博士

我们在活动二中使用的是 PIC12F508 单片机，却为什么在元器件列表框中选择一个
PIC12C508A 单片机呢？

Microchip 单片机系列中，型号中带 C 的一般是一次烧写的，程序只能写入一次，如果程序写错了，只能丢弃，更换新的单片机。近些年随着 Flash 存储器的普及和价格降低，越来越多的 PIC 单片机采用 Flash 作为程序存储器。Flash 单片机可以反复编程烧写 10 万次以上，给程序开发和产品升级带来极大的便捷。PIC12C508A 与 PIC12F508 分别是两种类型单片机的典型。两者功能一致，在 PIC12C508A 上使用的程序不做任何修改就能用在 PIC12F508 上。因此，Proteus 没有将 PIC12F508 再单独列出，两者使用相同的仿真模型。

注意：Proteus 软件里很多单片机都没有仿真模型，那是因为 Proteus 里已经有能与之兼容的仿真模型，它们之间大致功能与资源都差不多，可以由一种型号的单片机代替。

第三步，添加元器件。在 LED-RED 上单击左键，选中 LED 灯元件，然后在原理图编辑区两次单击左键，就添加了一个 LED 灯，单击右键结束添加。用同样的方法，把其他两个元器件添加进原理图编辑区。另外，Proteus 中电源通常被拆分成两部分表示：正电平和地。它们在 ☰ 终端模式（Terminal Mode）下添加。单击终端模式按钮，如图 1—39 所示，在终端列表中以同样的方法添加一个 POWER 和一个 GROUND。Proteus 中 POWER 默认电平为 5 V，GROUND 为 0 V。元器件添加完成后的效果如图 1—40 所示，这里电源是隐藏的，以 ⬆、⎓ 表示。按住鼠标左键可以拖动各个元器件，稍作排列可让连线方便些。

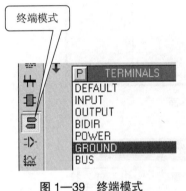

图 1—39 终端模式

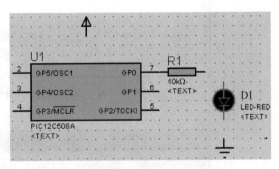

图 1—40 元器件添加完成

注：图中 表示在 Protues 软件中进行仿真时 LED 灯会闪亮，下同。

第四步，修改参数值。刚添加的几个元器件的值与面包板上使用的不同，如添加的电阻阻值默认是 10 kΩ 的，需要手动修改为 330 Ω。在电阻上双击左键，打开元器件编辑对话框，如图 1—41 所示。把"Resistance"栏的值由"10k"改为"330"，单击"OK"按钮。

用同样的方法可以对单片机的参数进行设置。在设置单片机参数时，由于单片机功能强大，选项比较多。在"PIC12C508A"上双击，打开 PIC12C508A 的元器件编辑对话框，如图 1—42 所示。一般情况下，用户只关注单片机的"Program File"（程序路径）、"Program Clock Frequency"（工作频率）、"Program Configuration Word"（程序配置字）3 个选项。本项目只需修改程序路径。单击"程序路径"文本框旁的打开文件图标，在 D:\MyProjs\Proj1\ 目录下选择"Proj1.hex"，单击"OK"按钮关闭。

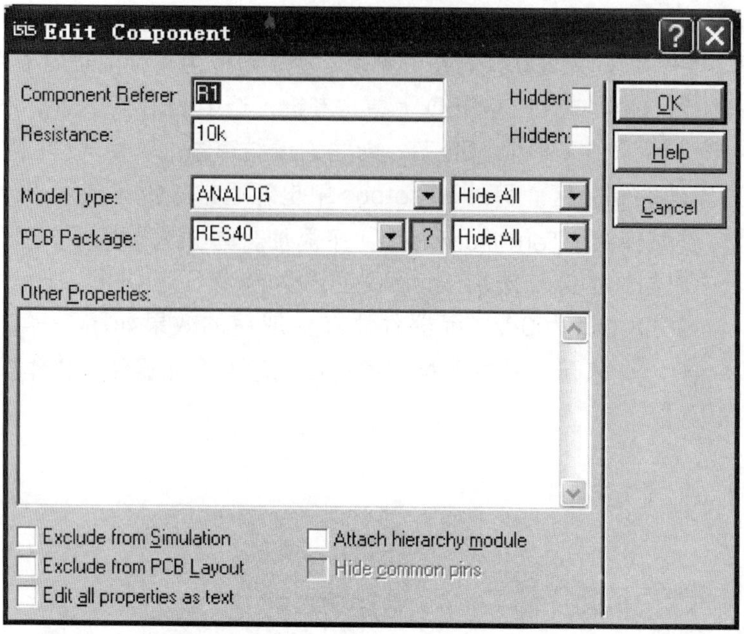

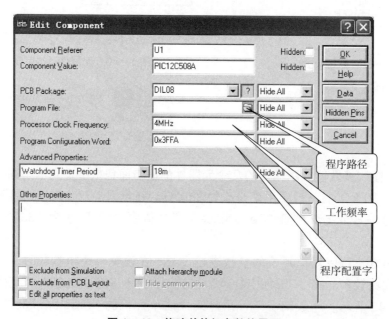

图 1—41　修改电阻参数值界面

图 1—42　修改单片机参数值界面

　　第五步，连接各元器件。放置元器件后即可以开始连线，当鼠标指向连线的起始引脚时，在其引脚上会出现红色小方块，如 [图] ，这时单击鼠标，然后移动鼠标指针指向终点引脚再单击，连线即成功完成。如果连线过程中要拐弯，只需在移动鼠标指针的路径上单击要拐弯的地方即可。按图依次连接，如图 1—43 所示。

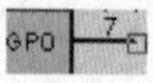

说明：为使电路简洁，图中未显示电源引脚及电源（默认状态下是隐藏的），如要显示，可通过设置实现，这里不再赘述。

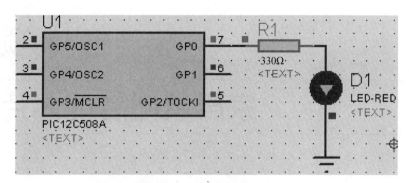

图1—43　仿真图连接完成

【活动三】Proteus 仿真运行

至此一切就绪，单击如图1—36所示的仿真按钮工具栏上的 ▶ 按钮开始仿真，观看仿真效果，可以观察到红色 LED 灯闪烁，与如图1—10所示的面包板搭建效果一样。

 思考

用仿真软件完成任务二思考题3。

四、任务评价

单片机电路仿真软件 Proteus 7.1 SP2 安装与调试任务评价见表1—5。

表 1—5　　　　　单片机电路仿真软件 Proteus 7.1 SP2 安装与调试任务评价

任务内容	配分	评分标准		扣分
任务认知	20	（1）不能说出软件仿真的内涵	扣10分	
		（2）不能说出 PIC12F508 与 PIC12C508A 的差异	扣5分	
		（3）不能说出至少两款仿真软件	扣5分	
任务实施	70	（1）不能单独安装仿真软件 Proteus 7.1 SP2	扣10分	
		（2）不能按要求建立新工程	扣10分	
		（3）不能按要求画出仿真原理图	扣20分	
		（4）不能按要求实现智能开关的功能仿真	扣20分	
		（5）不能完成思考题	扣10分	
安全文明生产	10	违反安全生产规程	扣10分	
得分				

家居氧吧智能芯片开发

一、目标要求

1. 能了解家居氧吧功效和工作机制。
2. 能分析家居氧吧的结构和功能，分析输入、输出方式，确定输入、输出点数。
3. 能根据家居氧吧的功能需要进行芯片选择，并做出成本预算。
4. 能进一步掌握开发平台和仿真平台的使用方法。
5. 能阅读流程图和程序。
6. 能按照提示完成家居氧吧智能芯片程序编制和调试仿真。
7. 能进行简单外围电路分析。
8. 能按照原理图搭接家居氧吧实物进行验证。
9. 能利用仿真软件的虚拟计数/定时器设置并校正给定延时时间。

二、项目准备

本项目需要用到的常规软、硬件同前，包括烧录器及附件、电池、面包板及连接线、自制烧录器底座及电子常用工具一套等。另外，需要准备某型号家居氧吧发生器成品一台。其他元器件见表 2—1。

表 2—1　　　　　　　　　　项目二原材料准备清单

名称	型号规格	数量	图示	备注
单片机	PIC12F508	1 个		搭接氧吧电路用
电阻	4.7 kΩ	1 个		搭接氧吧电路用

续表

名称	型号规格	数量	图示	备注
晶体管	S9013	1 个		搭接氧吧电路用
继电器	5 V	1 个		搭接氧吧电路用
电阻	360 Ω	1 个	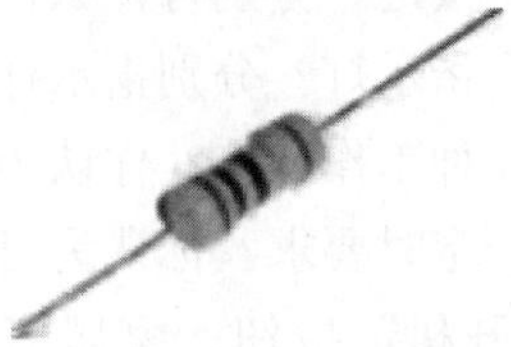	搭接氧吧电路用
发光二极管	φ3 红色	1 个	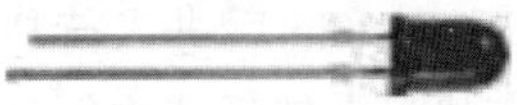	搭接氧吧电路用

三、项目认知与实施

【活动一】家居氧吧体验

家居氧吧是一种模仿自然界雷电产生臭氧的方法产生臭氧和负离子的电器。臭氧发生器每秒能电离 500 万个左右负离子和适量臭氧分子（O_3），快速有效杀死细菌、霉菌、病毒等。能在瞬间去除室内的异味、霉味、烟臭味、灰尘、花粉等各种有害气体和游离物，同时臭氧发生器也是许多饮水机消毒柜、家用果蔬消毒机的核心部件之一，可源源不断地提供清新的负离子及适量活性氧（即臭氧），有效去除居室装修后所散发的油漆味、甲醛、甲苯等有害气体。帮用户消除因工作及生活压力、空气混浊而引发心情忧郁、困乏烦躁、感冒、咳嗽头晕、耳鸣等慢性疾病和"亚健康"症状，使用户有安神益气、心情愉悦、回归自然的感觉。

随着人们生活水平的提高，家居氧吧越来越多地走进千家万户。这也给生产企业带来了很大的商机，同时也越来越多地要求价廉物美，使用安全方便。如图 2—1 所示为某型号家居氧吧及产品规格，它由 1 个开关、2 个 LED 指示灯（电源指示灯和臭氧发生指示灯）、1 个小风扇和臭氧发生器组成。

	OZONE PUMP
输入电压	110 V/220 V 50 Hz
消耗功率	10 W
产品尺寸	124 mm×88 mm×36 mm
排气量	3.5 L/min
活氧量	100～200 mg/h
噪声	≤45 dB
工作寿命	＞4 000 h
空气净化	10～20 m²

图 2—1　某型号家居氧吧及产品规格

认真阅读操作说明书，按操作说明进行以下操作，仔细观察其工作过程，思考并完成以下几个问题：

1. 该家居氧吧有几个按键？分别有什么作用？

2. 该家居氧吧有几个指示灯？分别指示什么？

3. 该家居氧吧有哪几种工作状态？你认为可以怎样实现？

4. 该家居氧吧有几个定时要求？你认为可以怎么实现？

接上电源，按下"开机"按钮，家居氧吧自动运行。臭氧指示灯（红色）亮起，臭氧发生器工作，产生臭氧。2 min 后进入待机状态，臭氧指示灯熄灭，臭氧生成器不工作。15 min 后，再次进入工作状态。然后依次循环，无须人工干涉。

 爱问小博士

臭氧是什么？

臭氧是氧的同素异形体，其分子含有 3 个氧原子，分子式为 O_3。常温下为无色气体，有一股特殊的草腥味，有极强的氧化能力，稳定性极差，常温下可自行分解为氧，通常以稀薄的状态混合于大气中。其主要密集处是臭氧层或雷电产生之处，因为雷击会使空气中的氧转化为臭氧，这也是雷雨过后空气特别清新的原因！因为臭氧极具氧化性，所以是世界公认的一种广谱高效杀菌剂。它的氧化能力高于氯一倍，灭菌速度比氯快 600～3 000 倍，甚至几秒钟内就可以杀死细菌。臭氧可杀灭细菌繁殖体和芽孢、病毒、真菌等，并可破坏肉毒杆菌毒素，可以清除空气和杀灭空气中、水中、食物中的有毒物质，常见的大肠杆菌、粪链球菌、绿脓杆菌、金黄色葡萄球菌、霉菌等，在臭氧的环境中 5 min，其杀灭率可达到 99% 以上。将臭氧溶于水中可形成臭氧水，臭氧水是一种对各种致病微生物有极强杀灭作用的消毒灭菌水剂，用臭氧水清洗瓜果、蔬菜、衣物、器皿等，可除去上面残留的农药异味等，并能延长食品的保鲜期。臭氧被称为绿色环保元素，因为在杀菌、消毒的过程中，臭氧可自行还原为氧和水，没有任何残留和二次污染，这是其他任何化学元素消毒剂都无法做到的。但臭氧也不是越多越好，长期生活在臭氧浓度较高的环境中，人的细胞老化会加速。如果臭氧浓度较高，对人体有害无益。一般空气臭氧量不要超过 400 mg/（h·L）。目前人们获得臭氧的方法主要有以下 3 种：

紫外线法：人工生产臭氧即采用光电法，产生出波长 λ =185 nm（10^{-9} m）的紫外线光谱，这种光最容易被 O_2 吸收而达到产生臭氧的效果，在美国称之为臭氧灯。光化学法产生臭氧的优点是纯度高，对湿度、温度不敏感，具有很好的重复性，这些特点对于臭氧用于人体治疗及作为仪器的臭氧标准源是非常合适的，缺点是能耗较高。

电化学法：利用直流电源电解含氧电解质产生臭氧气体的方法。电解法产生臭氧具有浓度高，成分纯净、水中溶解度高的优势，有较好的应用前景。

电晕放电法：电晕放电法是模仿自然界雷电产生臭氧的方法，通过人为的交变高压电场在气体中产生电晕，电晕中的自由高能离子离解成 O_2 分子，经碰撞聚合为 O_3 分子。电晕放电型臭氧发生器是目前应用最广泛、相对能耗较低、单机臭氧产量最大、市场占有率最高的臭氧发生装置。目前世界上单机产量最高的臭氧发生器臭氧产量达 300 kg/h，使用的就是电晕放电原理。

【活动二】家居氧吧智能芯片选择

1. 家居氧吧功能分析

智能芯片开发项目中的第一环节就是必须做好项目需求分析，就是要非常清晰地梳理产品需要达到的功能及效果。新产品的开发也一定是在现有产品和技术的基础上进行更新换代。因此，解读其现有功能、分析其功能逻辑、解剖其实现方法是整个项目开发的关键点。仔细阅读家居氧吧产品说明书，并根据活动一的操作体验，分析家居氧吧的功能和工作过程，判断哪些功能和过程可以用单片机控制，哪些信号和负载可作为单片机的输入、输出等。具体如下：

（1）开机。插上电源即自动工作，这里无须单独输入信号。

（2）工作过程分析。开机后氧吧即进入工作状态，臭氧发生器指示灯点亮；2 min 后臭氧发生器停止工作，指示灯熄灭，臭氧发生器进入待机状态；15 min 后，臭氧发生器又开始工作，进入下一轮的工作状态和待机状态的自动循环。这里，该氧吧发生器有两个输出，一个是点亮指示灯，另一个是驱动臭氧发生器。另外还有 2 min 和 15 min 的定时，根据说明书要求时间误差不超过 ±2%。

（3）关机。直接切断电源即可。

2. 家居氧吧智能芯片要求解读

（1）输入/输出。根据家居氧吧功能要求，它只需两个输出接口，没有输入控制，只需要 2 个 I/O 接口。从 I/O 接口数量上看，项目一中所用的 PIC12F508 单片机能符合要求。从经济上考虑尽量选用 I/O 接口较少的单片机。单片机一般 I/O 接口越少价格越低，同时印制电路板体积更小。I/O 接口越少，空闲的 I/O 接口少，减少可能的干扰因素，稳定性更好。I/O 接口越少，焊点减少，批量生产成本更低。这里选用 8 只引脚 Microchip PIC12F508 的单片机。由于家居氧吧对工作时间的要求较低，误差不超过 10 s，建议直接使用内部 RC 振荡电路和内部复位电路，可以使外围电路简化，同时节约成本。

（2）驱动能力。输出接口驱动对象分别为 LED 指示灯和臭氧发生器，指示灯可由单片机直接驱动；臭氧生成器可由单片机输出通过晶体管放大驱动继电器，进而带动负载工作。从输出驱动要求看，大多数单片机都能符合要求。同等条件下，使用驱动能力强的单片机能使外围电路设计更自由。

（3）性价比。现在市场上单片机种类较多，品牌各异。选择时要多查询，尽可能地选择性价比高的芯片，以降低生产成本，提高市场竞争力。

3. 家居氧吧智能芯片选择

根据对家居氧吧的功能分析及对智能芯片的要求分析，建议选择 PIC12F508 芯片。它是一种 8 只引脚 8 位闪存单片机，512 字节 ROM 和 25 字节 RAM，6 个 I/O 接口和一个 8 位内部定时器，其外形和引脚如图 2—2 所示。其引脚功能和说明见表 2—2。

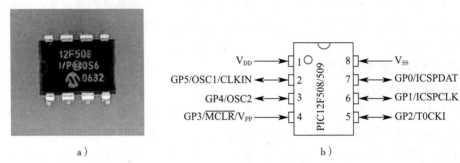

a）　　　　　　　　　　　　　b）

图 2—2　PIC12F508 单片机外形及引脚排列

a）外形　b）引脚排列

表 2—2　　　　　　　　　　　　　　　PIC12F508 引脚配置说明

名称	功能	输入类型	输出类型	说明
GP0/ICSPDAT	GP0	TTL	CMOS	双向 I/O 引脚，可由软件编程为内部弱上拉并在该引脚电平改变时从休眠模式唤醒
	ICSPDAT	ST	CMOS	在线串行编程数据引脚
GP1/ICSPCLK	GP1	TTL	CMOS	双向 I/O 引脚，可由软件编程为内部弱上拉并在该引脚电平改变时从休眠模式唤醒
	ICSPCLK	ST	CMOS	在线串行编程数据引脚
GP2/T0CKI	GP2	TTL	CMOS	双向 I/O 引脚
	T0CKI	ST	—	到 TMR0 时钟输入引脚
GP3/$\overline{MCLR}$/V_{PP}	GP3	TTL	—	输入引脚，可由软件编程为内部弱上拉并在该引脚电平改变时从休眠模式唤醒
	$\overline{MCLR}$	ST	—	主复位。当被配置为 $\overline{MCLR}$ 时，该引脚为低电平有效。$\overline{MCLR}$/V_{PP} 和电压不得超过 V_{DD}，否则器件将进入编程模式
	V_{PP}	HV	—	编程电压输入

续表

名称	功能	输入类型	输出类型	说明
GP4/OSC2	GP4	TTL	CMOS	双向 I/O 引脚
	OSC2	—	XTAL	晶振输出。内部晶振 4 MHz，±1%
GP5/OSC1/CLKIN	GP5	TTL		双向 I/O 引脚
	OSC1	XTAL		晶振输入
	CLKIN	ST		外部时钟源输入
V_{DD}	V_{DD}	—	P	逻辑电路和 I/O 引脚的正电源
V_{SS}	V_{SS}	—	P	逻辑电路和 I/O 引脚的参考地

 爱问小博士

PIC 芯片有什么特异功能吗？

PIC 是微芯科技公司（Microchip Technology Inc.）生产的采用 RISC 架构的单片机，型号繁多，性价比高。其中 PIC12F508 是世界上最小的单片机，市面售价 2 元左右，性能比同价位的同类产品要高出很多。而且语句少，使用方便，开发周期短。

PIC 单片机的特点如下：

（1）功能不堆积。从实际出发，重视产品的性能与价格比，以多种型号来满足不同层次的应用要求。例如，一个摩托车的点火器需要一个 I/O 接口较少、RAM 及程序存储空间不大、可靠性较高的小型单片机，若采用 40 只引脚且功能强大的单片机，投资大、体积大，使用起来也不方便。PIC 系列从低到高有几十个型号，可以满足各种需要。

（2）语句精练。精练的语句使其执行效率大为提高，速度可以提高 4 倍。

（3）开发环境优越。普通 51 系列单片机开发系统大都采用高档型号仿真低档型号，其实时性不尽理想。PIC 在推出一款新型号的同时推出相应的仿真芯片，所有的开发系统由专用的仿真芯片支持，实时性非常好。基本上能保证仿真结果与实际运行结果相同，使单片机在其应用程序开发完成后立刻使该产品上市。

（4）引脚有防瞬态能力。通过限流电阻可将引脚直接接至 220 V 交流电源，或直接与继电器控制电路相连，无须光电耦合器隔离，给应用带来极大方便。

（5）保密彻底。PIC 以保密熔丝来保护代码，用户在烧入代码后熔断熔丝，别人再也无法读出，除非恢复熔丝。目前，PIC 采用熔丝深埋工艺，恢复熔丝的可能性极小。

（6）自带看门狗。可以用来提高程序运行的可靠性。

 爱问小博士

"看门狗"是什么？

看门狗电路就是一个定时计数器，一旦到达最大计数值就会把单片机复位，相当于计算机死机后重启，其作用是防止程序进入死循环，监控程序的正常运行。在程序正常执行一遍后，看门狗计数器自动清零，所以不会到达最大计数值，但是如果由于外部干扰等原因使程序进入死循环，定时计数器达到最大计数值时也会把单片机复位。

【活动三】家居氧吧智能芯片引脚分配及外围电路分析

由于采用单片机方案，家居氧吧的控制电路非常简单，如图 2—3 所示。与项目一相比输出控制对象多了一个，没有输入对象，具体输入、输出信号见表 2—3。

表 2—3　　　　　　　　　　　　　　　输入、输出信号表

输入信号		
信号名称	分配引脚	意义或作用
无		
输出信号		
信号名称	分配引脚	意义或作用
指示灯	GP0	指示灯点亮或熄灭
继电器	GP1	控制臭氧发生器工作

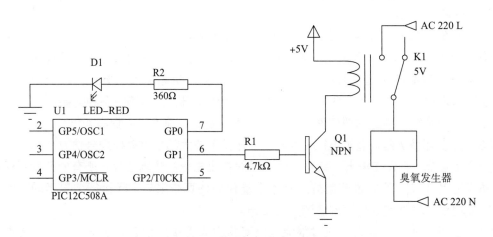

图 2—3　家居氧吧电路原理图

注：图中的"Q"和"⊥⊢"对应国家标准中的"VT"和"⊥⊢"，下同。

图 2—3 中，D1 是臭氧指示灯，R2 为限流电阻；K1 是继电器，作为由 R1、Q1 组成的放大驱动电路的负载。当 GP1 输出为 1（高电平）时，Q1 导通，继电器吸合，臭氧发生器工作。而当 GP1 输出为 0（低电平）时，Q1 截止，继电器断开，臭氧发生器停止工作。

【活动四】家居氧吧智能控制程序流程框图编制

按功能要求画出程序流程框图。本项目程序的控制思路、流程与项目一中的任务三类

似，让单片机反复执行"关—等待—开—等待"4个步骤。由于没有开关控制，要求一接通电源就开始工作，所以开始后直接进入工作状态，负载打开、指示灯亮，同时 2 min 工作延时开始；2 min 延时到，进入待机状态，此时，负载关闭、指示灯熄灭，15 min 待机延时开始。待机延时到，自动进入下一轮循环，直到切断电源。这里家居氧吧的定时工作功能将由延时程序来实现，其程序流程框图如图 2—4 所示。

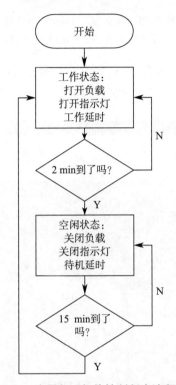

图 2—4 家居氧吧智能控制程序流程框图

【活动五】家居氧吧程序编制、调试

按程序流程框图，在软件开发平台 MAPLAB IDE V8.20a 中进行程序编制并调试，程序编写采用 C 语言。具体步骤如下：

建立 MAPLAB 工程

按程序流程框图，在 MAPLAB IDE V8.20a 中新建工程，编写程序代码并调试。程序编写采用 C 语言。

第一步，确定工程存储位置。如项目一所述，MAPLAB 对中文支持较差，建议预先安排好工程存储位置。在 D 盘 MyProjs 目录下建立一个 Proj2 文件夹，推荐本项目所有工程代码及仿真文件都存储到该文件夹里。

第二步，打开 MAPLAB 工程向导。双击桌面上 MAPLAB IDE 快捷方式，如图 2—5a 所示，打开 MAPLAB IDE。打开 Project 菜单下的工程向导（Project Wizard...），如图 2—5b 所示，跟随工程向导一步步完成工程设置。

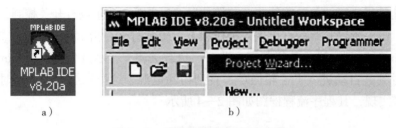

a) b)

图 2—5 建立 MAPLAB 工程向导

a）MAPLAB IDE 快捷图标 b）MAPLAB IDE 新建工程向导

第三步，设置单片机型号。如图 2—6 所示，本项目使用 PIC12F508 单片机，通过下拉菜单找到 PIC12F508，选中并单击"下一步"按钮。

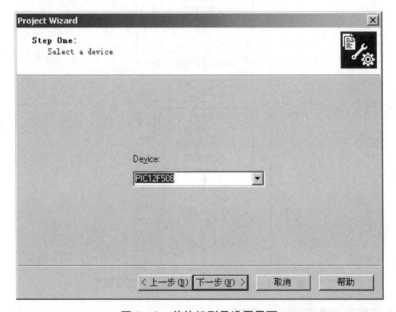

图 2—6 单片机型号设置界面

第四步，选择开发语言工具。完成上述步骤后弹出如图 2—7 所示的界面，选择开发语言工具。在可用的工具套件（Active Toolsuite）栏单击下拉按钮，选择"HI-TECH Universal ToolSuite"，下方的工具套件内容（Toolsuite Contents）就自动选择了"HI-TECH ANSI C Compiler"，表示采用 C 语言编程。其余不用修改，直接单击"下一步"按钮继续。

第五步，设置工程名称及保存位置。完成开发语言工具选择后弹出如图 2—8 所示的界面，单击"Browse..."按钮，将工程保存在 d：\MyProjs\Proj2 文件夹下，项目名称为 Proj2。或者在对话框里直接输入工程保存路径及名称，如"D：\MyProjs\Proj2\Proj2.mcp"。单击"下一步"按钮继续。

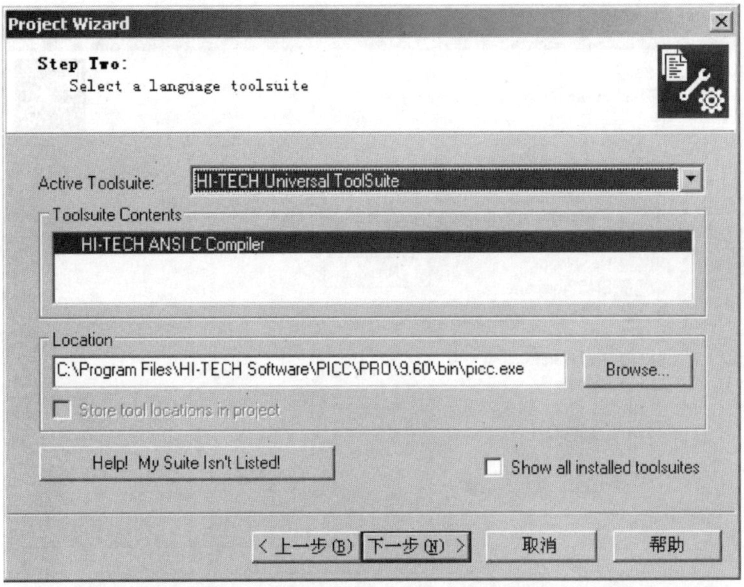

图2—7 选择开发语言工具界面

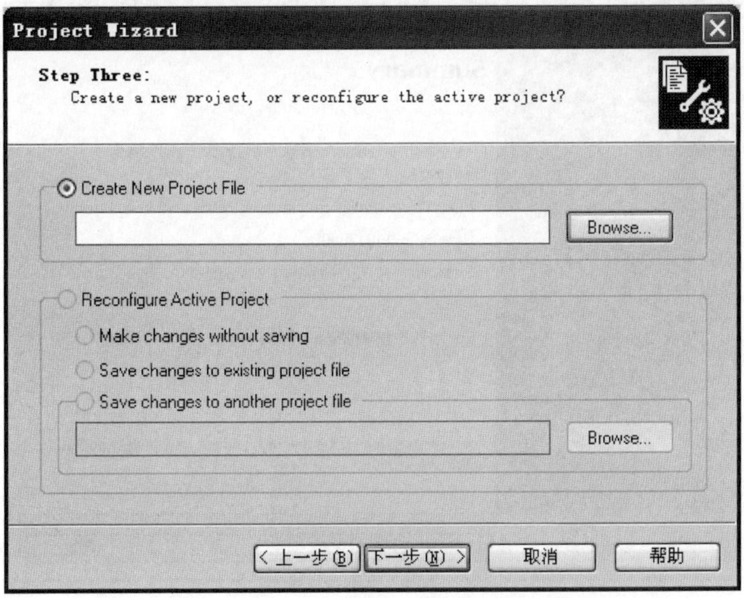

图2—8 设置保存工程

第六步，导入代码，完成工程设置。完成上述步骤后出现如图2—9和图2—10所示的导入代码、完成工程设置界面。如果已经有编写好的代码，可以在这里将其导入工程。一般新项目没有现成代码，直接单击"下一步"按钮。这里，还可以进一步核对新建工程向导中设置的内容。如果设置有误，可以单击"上一步"按钮再修改。否则，单击"完成"按钮结束工程向导。

图2—9　导入代码

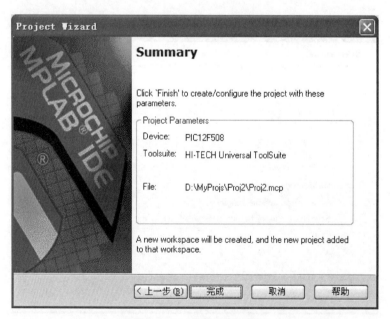

图2—10　完成工程设置

　　第七步，新建源码文件。完成工程设置后，弹出界面如项目一任务二中如图1—16所示的 MAPLAB IDE 界面，其中，窗口左侧为工程管理栏。工程文件分为源码文件（Source Files）、头文件（Header Files）、目标文件（Object Files）、库文件（Library Files）及其他文件（Other Files），结构如图2—11所示。初级开发者常用的文件是源码文件（Source Files）和头文件（Header Files）。通常需要手动或自动地将编写的 C 语言源代码文件（*.c）导入源码文件（Source Files）分支。具体如下：

单击编辑工具栏上的新建文件（New File）按钮 ，创建一个新文件，如图2—12所示。

图2—11 工程管理栏结构图

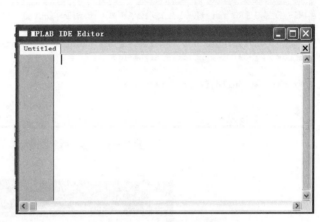

图2—12 新建文件编辑窗口

新文件没有任何内容，可以在该文件里输入程序代码。输入程序代码前建议先单击"保存"（Save Fils）按钮 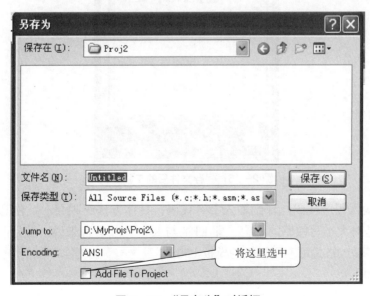，弹出如图2—13所示的"另存为"对话框。保存的文件名不能出现非英文的符号，建议使用"Proj2.c"作为文件名。注意，一定要加上文件的扩展名".c"，同时将"另存为"对话框底部的文件添加到工程"Add File To Project"复选框选

图2—13 "另存为"对话框

中，如图 2—13 所示，Proj2.c 文件自动会添加到工程 Proj2 的源码文件分支里。如果没有选中该复选框，后续编译代码时，将会出现编译错误，错误提示为："Error [939]：. no file arguments"，意为缺少文件，如图 2—14 所示，保存结果如图 2—15 所示。

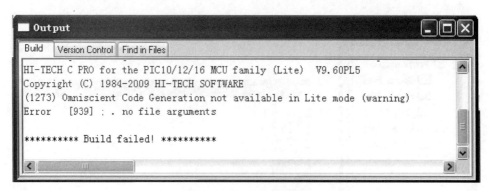

图 2—14　文件错误提示

图 2—15　保存文件后的工程窗口

第八步，输入程序代码。仔细输入参考代码，具体方法见项目一。注意每个字符的大小写，C 语言是对大小写敏感的语言，即 KEY 与 Key 对 C 语言来说，就是两个不一样的名称。C 语言程序输入格式可套用提供的模板 F508.C。

详细代码如下：

```
1   #include <pic.h>
2   #define LED GP0
3   #define RELAY GP1
4   unsigned int count;
5   void delay (unsigned int t)
6   {
7        while (--t);
8   }
9   void main ( )
10  {
11       TRIS=0x08; // 0000 1000
12       GPIO=0;
13       while (1)
14       {
15              LED=1; // 指示灯亮
16              RELAY=1; // 继电器工作
17              count=1920; // 设置延时循环次数
18              while (--count) // 每执行 delay (4930) 一次，count 减 1，直到为 0，
                     循环结束
19              delay (4930); //62.5 ms 让指示灯灭、负载停止的状态持续一段时间
20
21              LED=0; // 指示灯灭
22              RELAY=0; // 继电器停止工作
23              count=14400; // 同上
24              while (--count) // 同上
25              delay (4930); // 同上
26       }
27  }
```

【代码说明】

第 1 行：引用 pic.h 头文件。pic.h 头文件一般包含单片机内各类资源（如存储器、寄存器）的地址定义。不同的单片机地址各不相同，但无论使用哪款 PIC 单片机，都只需引用 pic.h 即可。MAPLAB 会根据新建工程时所选的单片机型号，自动去调用对应单片机的头文件。

第2~第3行：预定义设置LED为GP0端口名称，RELAY为端口GP1名称。当控制对象数量比较多时，程序员容易把各个端口弄混淆。企业里做单片机开发，一般都要求把各个端口用具体的、能够望文生义的名称代替，这项工作通常在源码文件的一开始或者在头文件里完成。这里分别用LED和RELAY（继电器的英文）来预定义GP0和GP1两个端口。这样，在后续的代码里就可以直接使用LED代替GP0，用RELAY代替GP1。这样不容易弄错端口，还增强了程序的可修改性和可读性。

第4行：定义变量count为无符号整数型，计数范围为0~65 535。count用于控制delay()延时函数的执行次数。

第5~第8行：延时函数delay()的实现。单片机执行命令的速度很快，一般1~2 μs执行一条命令，远超人类的反应速度。延时函数的作用是让单片机什么事也不做，执行空转命令一段时间，达到拖延时间的目的。这叫软件延时法。

第9~第27行：main()函数的执行范围。main()函数是C语言中最重要的一个函数，单片机程序完成初始化后，首先进入main()函数。即使前面有众多函数，第一个被执行的还是main()函数。

第11行：设置TRIS寄存器。TRIS寄存器又称输入、输出控制寄存器（I/O控制寄存器），共8位（Bit0~Bit7）。每一位的值决定单片机各引脚是作为输入端口还是输出端口，若设置为1，则该端口作为输入口；若设置为0，则该端口作为输出端口。PIC12F508总共有GP0~GP5六个端口，故TRIS寄存器的最高2位是无效的，设置为0，其余的从低到高依次对应GP0到GP5的输入、输出控制。从表2—2（PIC12F508引脚配置说明）可知，GP3只能作为输入端口，故TRIS的Bit3位，即GP3对应的位只能设置为1。第0位和第1位对应的GP0和GP1分别要输出控制LED灯和继电器，均设为0。GP2、GP4、GP5均为双向端口，可设置为0或1，本项目中这几个端口都没有用上，一般不用的端口均设为0。故TRIS代码设置为十六进制值0×08（C语言使用字首0×代表十六进制），对应的二进制值是00001000，见表2—4。

表2—4　　　　　　　　　　　　　　　　　TRIS端口寄存器

名称	Bit7	Bit6	Bit5	Bit4	Bit3	Bit2	Bit1	Bit0
TRIS	0	0	0	0	1	0	0	0

第12行：设置输入/输出接口GPIO初始值。GPIO是一组输入/输出接口的总称，通过对GPIO赋值可设置各个端口的初始值。GPIO也有8位，每一位对应一个端口。这里设置为0，即令各端口初始值为0。由电路可知，输出0电平使两个负载均处于关闭状态。

第13~第26行：while循环范围，注意while（1）括号中的值为1，表示进入一个死循环，反复执行循环体里的代码，实现反复的"关—等待—开—等待"四个状态，直到切断电源。

爱问小博士

如果不执行死循环，怎么理解 while ( ) 的循环范围和循环次数？

while ( ) 是 C 语言中的一条循环语句。一般在括号内表示执行循环的条件，如下面有条语句是 while (−−count) 表示每执行循环体 delay (4930); 语句一次，count 减 1，直到 count 为 0，则该循环结束。这里 count 赋值 1 920，所以共执行 1 920 次的循环体。注意：这个循环体中只有一条 delay (4930); 语句，而 while (1) 循环体包括第 15 ~ 第 25 行语句，而且是一个多重循环。

第 15 ~ 第 16 行：赋值让 GP0 和 GP1 输出为 1，打开指示灯和继电器。

第 17 ~ 第 19 行：实现延时 2 min。单片机执行 delay (4930); 这条语句共耗时 62.5 ms，共执行 1 920 次。这样，这个循环体执行完毕耗时约 120 s（62.5 ms/ 次 × 1 920 次），实现 2 min 的延时。

第 21 ~ 第 22 行：赋值让 GP0 和 GP1 输出为 0，关闭指示灯和继电器。

第 23 ~ 第 25 行：实现延时 15 min。delay (4930); 延时时间约为 62.5 ms，执行 14 400 次，共约 15 min。注意这里的计数值不要超过 count 的取值范围（参见第 4 行说明）。

第九步，编译调试。参考项目一任务二中修改程序第三步，将鼠标指针移到工程管理器工具栏的 ■（Build）按钮上，停留 2 s 左右，弹出提示 "Build with PRO for the PIC10/12/16 MCU family（Lite）V9.60PL5"，单击 ■ 编译代码，如果输入无错误，输出信息窗口将看到 "Build successful!"（编译成功！）信息，同时 D：\MyProjs\Proj2\ 文件夹下重新生成 Proj2.hex 文件。这就是编译获得的 Proj2.hex 单片机程序。

思考

1. 这里的 delay ( ) 与项目一中修改程序活动中输入的 delay (20000) 一样吗？

2. 若要实现 3 min 的延时该如何设置？在上述程序中修改实现。

【活动六】家居氧吧仿真验证

参考项目一任务三中的方法，新建空白仿真文件，保存到 D：\MyProjs\Proj2 目录下。绘制仿真图，并连线，修改各元器件值，如图 2—17 所示设置。运行仿真按钮，观看仿真效果。上述程序经仿真软件 Proteus 准确测试，现象直观，结果如下：

初始状态，指示灯亮，继电器开关打到左边，臭氧发生器工作；2 min 后，指示灯熄灭，继电器触点吸在右边，臭氧发生器不工作；15 min 后，回归初始，指示灯再次点亮，继电器触点打到左边，依次循环。仿真结果如图 2—16 所示，其中图 2—16a 为待机空闲状态，图 2—16b 为工作状态。

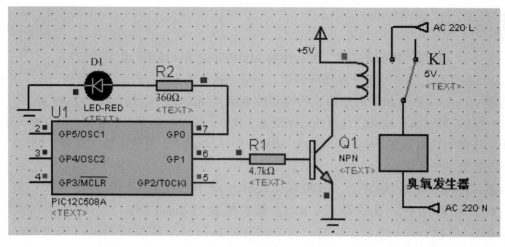

a）

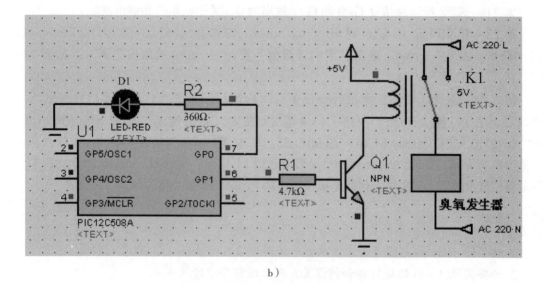

b）

图 2—16　家居氧吧智能芯仿真结果

a）空闲状态　b）工作状态

 爱问小博士

delay（4930）；的延时时间为什么是 62.5 ms？

count 的值与延时时间又有什么关系呢？

我们知道，任何一个程序每执行一条语句都需要时间，该芯片内置晶振频率为 4 MHz，在使用内置时钟的情况下，执行 delay（1）的时间约为 12 μs。考虑到 C 语言编写的程序通常需要编译器编译，不同的编译器各种优化结果各不相同，因此，很难根据语句计算确切的时间。不过在仿真环节中，借助 Proteus 软件的虚拟仪器计时器 / 计数器可以方便地调试出比较精准的延时。根据调试，当"count"设置为 1 时，delay（4930）；的延时时间为 62.5 ms，如果要延时 2 min，则约需循环 1 920 次，所以在工作延时中设 count 为 1 920。若要延时 15 min，则约需循环 14 400 次，所以在待机延时中设 count 为 14 400。下面以设置 2 min 延时为例说明利用 Proteus 仿真软件中的虚拟仪器计时器 / 计数器检测 count 值的设置与延时的关系，具体方法如下：

单击 Proteus 软件模式工具栏（左端）最下面的虚拟设备按钮 🖳，切换到虚拟设备模式（Virtual Instruments Mode），再选择第三个虚拟设备计时器 / 计数器 `COUNTER TIMER`，如图 2—17 所示。按添加元器件的方法在编辑窗口中单击左键两次，添加计时器 / 计数器（Counter Timer）设备，并将其 CE 引脚与 GP0 相连接，如图 2—18 所示。

根据经验，先将"count"设为 40，运行仿真，GP0 输出高电平，计时器 / 计数器的 CE 引脚检测到高电平便开始计时，一段时间后，GP0 输出低电平，计时器 / 计数器停止计时，时间定格显示为 2.500 466 s，这与根据计算所得的延时时间 2.5 s（62.5 ms×40）非常接近，如图 2—19 所示。

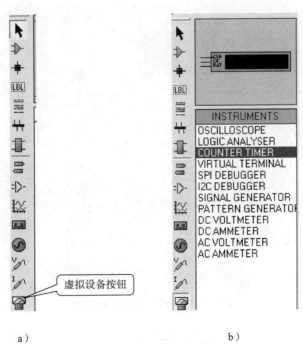

a)　　　　　　　　　　　b)

图 2—17　虚拟计时器 / 计数器选择方法

a）工具栏上的虚拟设备按钮　b）选择虚拟计时器 / 计数器

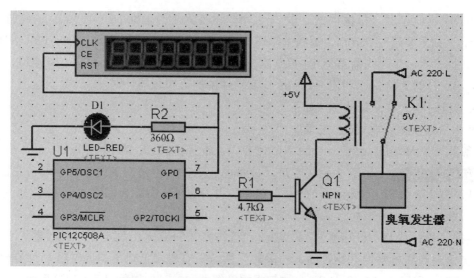

图 2—18 添加计时器 / 计数器设备的仿真

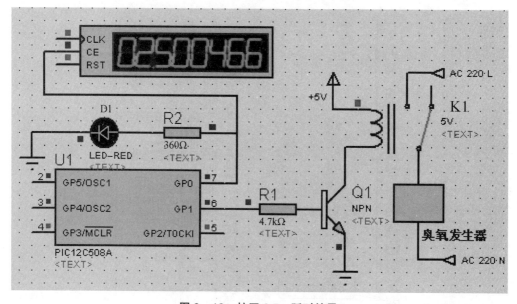

图 2—19 校正 2.5 s 延时结果

如果时间与 2.5 s 偏差较大，可适当修改 delay（4930）；中的 4 930 这个值，再次运行仿真查看虚拟计时器 / 计数器的定格时间，直到时间较准确为止。然后将"count"值改回 1 920，再次运行仿真查看延时是否为准确的 2 min。可是，默认情况下，计时器 / 计数器的计时范围是 0～99.999 999 s，因此，不能用来计 2 min 时间，需修改计时模式。双击计时器 / 计数器，如图 2—20 所示，单击计时模式（Operating Mode）下拉菜单，设置为"Time（hms）"，修改后最大计时时间可达 10 h。再次运行仿真，查看当"count"值为 1 920 时的时间，并适当调整"count"值，使计时尽可能接近 2 min。经过几次修正，延时误差的时间基本控制在很小的范围内。本项目源代码最终修改第 17 行的"count"为 1 873，2 min 误差 0.021 s；第 23 行的"count"为 14 041，15 min 的误差为 0.015 s。符合时间的误差要求。

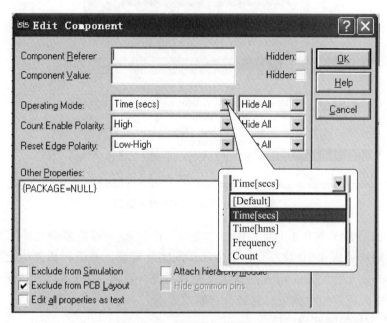

图 2—20　计时模式设置界面

【活动七】家居氧吧智能芯片程序烧写

一般情况下，程序仿真完成后逻辑功能基本上都能满足要求。用 ICD 2 或其他程序烧录器将完成的程序烧写到 PIC12F508 芯片上。芯片烧写比仿真要求高，必须提供具体的程序配置字，这项工作须在 MAPLAB IDE 软件中完成。打开 MAPLAB IDE 软件，单击 <kbd>Configure</kbd> 菜单下 Configuration Bits 菜单项，打开配置字窗口，如图 2—21 所示，更改芯片的设置。首先取消选中复选框 <kbd>☑ Configuration Bits set in code.</kbd>，取消 Configuration Bits set in code，使下面列表的配置可更改。第一行为晶振选项，12F508 单片机内部自带 RC 振荡时钟源，可使用内部时钟，单击如图 2—22 所示的 <kbd>Setting</kbd> 选项卡后，在下拉菜单中选中 <kbd>INTOSC</kbd>，可以配置成 INTOSC，免去外围晶振电路。第二行为看门狗选项，因为本程序本身就包含有一个 while（1）的死循环，所以将看门狗设置成 Off（关闭）。第三行为代码保护选项，设置为 On，防止写入的代码被他人读走，保护知识产权。第四行为复位电路选项，使用芯片内部的复位，设置为 Internal。设置好后直接关闭 Configuration Bits 配置窗口。连接 ICD 2 和烧写芯片适配器，选择编程器菜单中的 ICD 2 作为编程器，单击"烧写"按钮，MAPLAB 会自动将当前程序及刚刚设置的配置字写入 12F508 芯片。具体操作方法参见项目一。

图2—21　程序配置字设置选择窗口

Address	Value	Category	Setting
FFF	OFE2	Oscillator	INTOSC
		Watchdog Timer	Off
		Code Protect	On
		Master Clear Enable	Internal

☐ Configuration Bits set in code.

图2—22　程序配置字设置窗口

　　重复单击MAPLAB ICD 2工具栏中的"烧写"按钮 ⟐，可以多烧几片作为样品交生产车间试用。一般样品提交10片左右，由生产车间实际安装，并进行相关功能测试。若符合要求，则芯片开发工作完成，可大批量烧录。若不符合要求，需协同车间对程序进行调试、仿真、测试，更改程序或电路板，直到符合要求为止。

【活动八】家居氧吧实物验证

　　由于家居氧吧外围电路比较简单，也可根据如图2—23所示的电路图在面包板上搭接家居氧吧电路。图中，K1是继电器，共有6只引脚，其中1、2引脚为一对常闭触点，1、3引脚为一对常开触点，1引脚是两对触点的公共端，4、5两引脚为线圈接线端，具体引脚排列如图2—24所示。将烧录好的芯片插入芯片底座电路，如图2—25所示，接通电源，观察工作情况是否符合设计要求，检查、验收芯片的可用性。

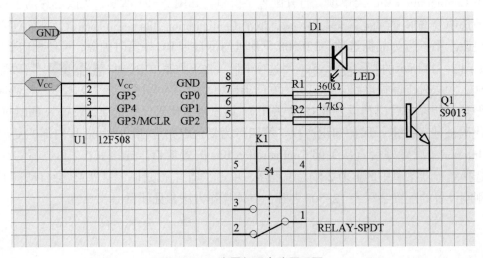

图2—23　家居氧吧电路原理图

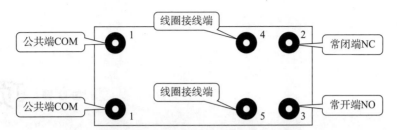

图2—24 K1继电器底部引脚示意图

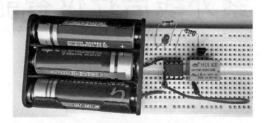

图2—25 家居氧吧搭接实物

 思考

1. 若延时时间改为 10 min，该如何实现？

2. 利用仿真软件的虚拟计时器/计数器校正延时时间，误差小于 ±1%。

3. 市场上家居氧吧品种各异，形式多样，价格也从几十元到几百元不等，要求做个市场调查。可以上网搜索，分析价值迥异的原因所在，写一份小报告。

四、项目评价

家居氧吧智能芯片开发项目评价见表2—5。

表2—5 家居氧吧智能芯片开发项目评价

项目内容	配分	评分标准		扣分
项目认知	20	（1）不能按产品说明书正确操作	扣5分	
		（2）不能按控制要求正确描述产品功能	扣15分	
项目实施	70	（1）不能提供两种以上的芯片选择方案	扣5分	
		（2）不能说出程序流程框图中流程转换条件	扣5分	
		（3）不能使用 MAPLAB 软件编写、调试程序	扣5分	
		（4）程序功能实现不全	扣5分	
		（5）不能使用 Proteus 仿真软件实现仿真	扣20分	
		（6）不能使用 ICD 2 烧录器烧写芯片	扣10分	
		（7）不能按原理图搭接家居氧吧电路实物验证	扣10分	
		（8）不能完成思考题	每个扣5分	
安全文明生产	10	违反安全生产规程	扣10分	
得分				

紫外线治疗仪智能芯片开发

一、目标要求

1. 能分析紫外线治疗仪产品功能，分析输入、输出方式，确定输入、输出点数。

2. 能根据客户对紫外线治疗的功能需要进行芯片选择，并做出成本预算。

3. 能进一步掌握开发平台和仿真平台的使用方法，如 MAPLAB 中码表的使用。

4. 能阅读程序流程框图和程序。

5. 能正确理解 C 语言中相关知识，如数据类型、运算关系、函数等并会运用。

6. 能进行简单外围电路分析。

7. 能按照提示完成紫外线治疗仪智能芯片程序编制和调试仿真。

8. 能根据需求适当修改程序，完成简单的功能改变或升级。

二、项目准备

本项目需要用到的常规软、硬件同前，包括烧录器及附件等，另外再准备一台家用紫外线治疗仪成品。

三、项目认知与实施

【活动一】紫外线治疗仪体验

紫外线治疗仪是一种利用紫外线杀菌原理治疗皮肤病（如脚癣等）的电器。早期的紫外线治疗仪功能单一，控制简单，一般都作为医疗卫生设备在医院里使用。随着其功能的进一步开发，以及人们生活水平的提高，紫外线治疗仪走进了千家万户。这也给生产企业带来了很大的商机，同时也越来越多地要求价廉物美，使用方便。如图 3—1 所示为某型号紫外线治疗仪。

图 3—1　紫外线治疗仪

认真阅读操作说明书，按操作说明书进行以下操作，仔细观察其工作过程，思考并完成以下几个问题：

1.该紫外线治疗仪有几个控制按键？几个指示灯分别指示什么？

2.该紫外线治疗仪工作时指示灯有什么变化？除了紫外线灯管外是否还有其他负载？

该紫外线治疗仪有一个按键，红色指示灯、绿色指示灯和一个紫外线灯管。接通电源，红色指示灯亮，并闪烁约 5 s，然后常亮。按"功能切换"键，绿色指示灯亮并闪烁约 5 s，然后长亮，同时紫外线灯管常亮。再按下"功能切换"键，可以切换到待机状态。两个指示灯分别常亮时按下"功能切换"键任意切换到工作状态和待机状态。

在红灯或绿灯闪烁状态下，按"功能切换"键无效，不能实现功能切换，必须在指示灯常亮情况下按"功能切换"键才有效。紫外线治疗仪工作时，若无中途终止，将持续工作 300 s，然后自动切换到待机状态；待机状态下，紫外线治疗仪关闭。

注意：不要长时间用肉眼直视紫外线灯光！

 爱问小博士

紫外线能消毒，紫外线还能治疗吗？

特定波长的紫外线能穿透微生物的细胞膜，破坏各种病菌、细菌、寄生虫以及其他致病体的 DNA 结构，使细菌当即死亡或不能繁殖后代，从而达到杀菌治疗的作用。对皮肤螨虫、脚癣等有较好的治疗效果，甚至对白化病、牛皮癣等顽固性疾病也有一定的疗效，经一定量紫外线照射过的伤口不易感染，可更快愈合。在欧美以及日本、韩国等，利用紫外线杀菌、消毒原理的家用电器非常普及，近些年国内需求日趋旺盛。

【活动二】紫外线治疗仪智能芯片选择

1.紫外线治疗仪功能分析

（1）开机。接通电源，红灯亮，指示电源接通，然后红灯以 1 Hz 频率闪烁 5 s 后长亮，指示待机状态。这里，待机状态与电源指示共用一个输出信号来驱动红灯。

（2）工作过程

1）红灯闪烁期间"功能切换"键无效。

2）红灯常亮时，按"功能切换"键，红灯灭，绿灯亮，并以 1 Hz 频率闪烁 5 s 后长亮，指示工作状态，同时紫外线灯管亮起开始工作。同样，绿灯闪烁期间按"功能切换"键无效。这里，"功能切换"键为输入信号，绿色指示灯和紫外线灯管由两个输出信号驱动。

3）绿灯常亮时，按下"功能切换"键，又切换到待机状态，绿灯灭，红灯闪烁后常亮，紫外线灯关闭。

（3）关机。绿灯常亮时，按下"功能切换"键，直接回到待机状态；若绿灯常亮期间没有按下"功能切换"键，则紫外线治疗仪将持续工作 300 s 左右，然后自动切换到待机状态。或直接切断电源。

2. 紫外线治疗仪智能芯片要求解读

（1）输入/输出。根据紫外线治疗仪的功能要求，它有 1 个输入、3 个输出，共需要 4 个 I/O 接口。输入为一般按键，输出接口驱动对象为 LED 指示灯和紫外线灯管负载。从 I/O 接口数量上看，项目一和项目二中所用的 PIC12F508 单片机能符合要求。这里建议选用 8 只引脚的单片机 PIC12F508。

（2）驱动能力。从输出驱动要求看，LED 指示灯可由单片机直接驱动，紫外线灯管可由单片机输出经晶体管放大驱动继电器来驱动。大多数单片机都能符合要求。同等条件下，使用驱动能力强的单片机能使外围电路设计更自由。

（3）性价比。现在市场上单片机种类较多，品牌各异。选择时要多查询，尽可能选择性价比高的芯片，以降低生产成本，提高市场竞争力。

3. 选择紫外线治疗仪芯片

根据对紫外线治疗仪的功能分析及对智能芯片的要求分析，建议选择 PIC12F508 芯片。它是一种 8 只引脚 8 位闪存单片机，512 字节 ROM 和 25 字节 RAM，6 个 I/O 接口和一个 8 位内部定时器，其外形和引脚如图 3—2 所示。其引脚功能和说明见表 3—1。

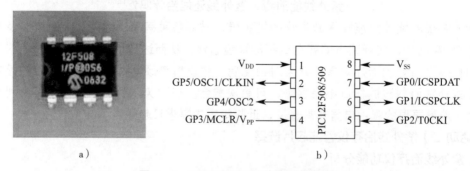

a）   b）

图 3—2 PIC12F508 芯片外形及引脚

a）外形 b）引脚排列

表 3—1   PIC12F508 引脚配置说明

名称	功能	输入类型	输出类型	说明
GP0/ICSPDAT	GP0	TTL	CMOS	双向 I/O 引脚,可由软件编程为内部弱上拉并在该引脚电平改变时从休眠模式唤醒
	ICSPDAT	ST	CMOS	在线串行编程数据引脚
GP1/ICSPCLK	GP1	TTL	CMOS	双向 I/O 引脚,可由软件编程为内部弱上拉并在该引脚电平改变时从休眠模式唤醒
	ICSPCLK	ST	CMOS	在线串行编程数据引脚
GP2/T0CKI	GP2	TTL	CMOS	双向 I/O 引脚
	T0CKI	ST	—	到 TMR0 时钟输入引脚
GP3/$\overline{MCLR}$/V_{PP}	GP3	TTL	—	输入引脚,可由软件编程为内部弱上拉并在该引脚电平改变时从休眠模式唤醒
	$\overline{MCLR}$	ST	—	主复位。当被配置为 $\overline{MCLR}$ 时,该引脚为低电平有效。$\overline{MCLR}$/V_{PP} 和电压不得超过 V_{DD},否则器件将进入编程模式
	V_{PP}	HV	—	编程电压输入
GP4/OSC2	GP4	TTL	CMOS	双向 I/O 引脚
	OSC2	—	XTAL	晶振输出。内部晶振 4 MHz,±1%
GP5/OSC1/CLKIN	GP5	TTL	—	双向 I/O 引脚
	OSC1	XTAL	—	晶振输入
	CLKIN	ST	—	外部时钟源输入
V_{DD}	V_{DD}	—	P	逻辑电路和 I/O 引脚的正电源
V_{SS}	V_{SS}	—	P	逻辑电路和 I/O 引脚的参考地

【活动三】紫外线治疗仪智能芯片引脚分配及外围电路分析

由于采用单片机控制方案,紫外线治疗仪的控制电路将非常简单。参照项目二及本项目要求,具体输入、输出信号见表 3—2。如图 3—3 所示为紫外线治疗仪电路原理图。

表 3—2   输入、输出信号表

输入信号		
信号名称	分配引脚	意义或作用
"功能切换"键	GP3	待机 / 工作切换控制
输出信号		
信号名称	分配引脚	意义或作用
绿色指示灯	GP0	工作指示灯点亮或熄灭
红色指示灯	GP5	待机指示灯点亮或熄灭
继电器	GP4	控制紫外线灯管工作

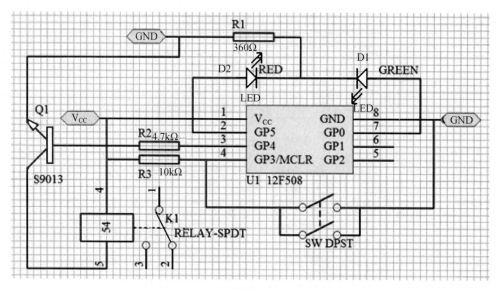

图3—3 紫外线治疗仪电路原理图

图3—3中，D1、D2分别为绿色、红色指示灯，分别由单片机7引脚和2引脚输出控制，R1为限流电阻。当其中一只引脚的输出为高电平时，对应指示灯亮，否则灭。3引脚的输出通过Q1放大驱动继电器K1。当K1吸合时，紫外线治疗仪工作，否则停止。R3（10 kΩ）电阻一端接电源，另一端接GP3，作用是上拉电位，又称为上拉电阻。SW"功能切换"键松开时，GP3电位被拉高，键按下时，GP3与GND连通，电位为0，"功能切换"键再次松开，由于上拉电阻的存在，GP3迅速恢复高电位。避免了非高非低的模糊电平造成的识别混乱。因此，每按一次"功能切换"键，就相当于产生一个低电平信号，作为单片机进行待机和工作两个状态切换的控制信号。

【活动四】紫外线治疗仪智能控制程序流程框图编制

按功能要求编制程序流程框图。从功能说明可知，紫外线治疗仪主要有待机和工作两个状态。为保护紫外线灯泡，在两个状态的前5 s各引入缓冲保护期，因此，单片机控制程序的流程扩充为4个状态：待机缓冲，待机，工作保护，工作。待机缓冲和待机时均关闭绿色指示灯及负载（紫外灯）。待机缓冲期共5 s，红色指示灯闪烁，时间到即进入待机状态。待机期间反复查询"功能切换"键状态，一旦检测到有效的"功能切换"键动作，立即结束待机，进入工作保护期。工作保护期负载（紫外灯）已经开始工作，绿色指示灯闪烁。5 s时间到即自动进入工作状态。工作状态下，反复检测"功能切换"键状态，如有"功能切换"键按下，立即结束工作状态，进入待机缓冲状态；如没有检测到有效"功能切换"键动作，计时，计满295 s后再进入待机缓冲。工作保护期的5 s和工作状态295 s，总共300 s，即紫外线灯泡一次最长工作5 min，参考程序流程框图如图3—4所示。

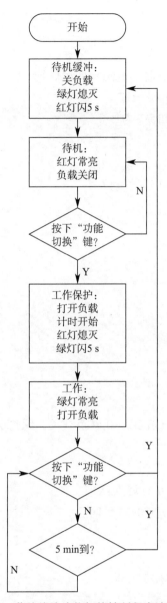

图 3—4　紫外线治疗仪智能控制程序流程框图

【活动五】紫外线治疗仪程序编制、调试

按程序流程框图，参考项目二中活动四的具体方法在软件开发平台 MAPLAB IDE V8.20a 中进行程序编制并调试，程序编写采用 C 语言。建议在 D 盘 MyProjs 目录下建立一个 Proj3 文件夹，保存文件为"D：\MyProjs\Proj3.mcp"。

详细代码如下：

```
1    #include <pic.h>
2    #define RED GP5 // 红色指示灯
3    #define RELAY GP4 // 继电器，控制紫外线灯管
4    #define GREEN GP0// 绿色指示灯
5    #define key GP3 // "功能切换"键
6    unsigned char count;
7    unsigned int time;
8    void delay (unsigned int n) // 延时函数
9    {
10       unsigned char t;
11       while (--n)
12       {
13             t=232;
14             while (--t) ;
15       }
16   }
17   void RedFlash ( ) // 红灯闪烁函数
18   {
19       count=10; RELAY=0; GREEN=0; // 负载关，绿灯关
20       while (count--)
21       {
22             RED=!RED; // 红灯闪烁
23             delay (305) ; //500 ms 延时
24       }
25   }
26   void GreenFlash ( ) // 绿灯闪烁函数
27   {
28       count=10; RELAY=1; RED=0; // 负载开，红灯关
29       while (count--)
30       {
31             GREEN=!GREEN; // 绿灯闪烁
32             delay (305) ;
33       }
34   }
```

```
35   void wait ( ) // 待机
36   {
37       RED=1; RELAY=0; // 负载关，红灯常亮
38       while (1)
39       {
40           if (key==0)
41           {
42               delay (10) ;
43               if (key==0) break; // 检测到按下"功能切换"键，结束待机
44           }
45       }
46   }
47   void work ( )
48   {
49       RELAY=1;
50       GREEN=1;
51       while (1)
52       {
53           if (key==0) // 如果"功能切换"键检测值为 0
54           {
55               delay (10) ; // 则先延时 15 ms
56               if (key==0) break; // 检测到按下"功能切换"键，结束工作
57           }
58           delay (150) ;
59           time++;
60           if (time==1207) break; // 计时到 295 s，结束工作
61       }
62   }
63   void main ( )
64   {
65       TRIS=0x08; //0b0000 1000，GP3 输入，其余输出
66       GPIO=0;
67       while (1)
68       {
```

```
69          RedFlash ( );
70          wait ( );
71          GreenFlash ( );
72          work ( );
73      }
```

【代码说明】

第 1 行：引用 pic.h 头文件。pic.h 头文件一般包含单片机内各类资源（如存储器、寄存器）的地址定义。每个 MAPLAB 工程都需要引用 pic.h 头文件。

第 2~第 5 行：预定义，分别用 RED、RELAY、GREEN、key 指代红色指示灯接的接口 GP5、继电器的 GP4、绿色指示灯的 GP0、"功能切换"键的接口 GP3。

第 6 行：定义变量 count，用于计闪烁函数 RedFlash ( ) 和 GreenFlash ( ) 里指示灯亮、灭反转的次数，10 次反转，可以看到指示灯亮 5 次、灭 5 次。count 的数据类型是 unsigned char，所能表示数的范围为 0~255，能够满足 10 次的计数要求。单片机的资源是非常有限的，每个 char、unsigned char 类型变量只占用 1 个字节，而每个 int、unsigned int 类型变量则要占用 2 个字节。一般情况下，能省则省，能用 char 数据类型表示的尽量不用 int。

 爱问小博士

这里 char、unsigned char、int、unsigned int 是什么意思？

程序编写时会用到各种数据，C 语言有多种数据类型，在智能家电开发中用得最多的是 char、unsigned char、int、unsigned int，每一种类型数据的取值范围和存储时占内存位数见表 3—3。需要用到数据前先要说明数据类型，如第 10 行 unsigned char t；表示定义变量 *t* 是无符号字符型数据，它的取值范围是 0~255，第 13 行 t=232；就符合取值范围。

表 3—3 几种 C 语言常用的数据类型

数据类型	名称	占内存位数	取值范围
char	字符型	8（1 个字节）	−127~128
unsigned char	无符号字符型	8（1 个字节）	0~255
int	整型	16（2 个字节）	−32 768~32 767
unsigned int	无符号整型	16（2 个字节）	0~65 535

第 7 行：定义变量 time，time 变量在 work ( ) 函数里计 delay（150）延时函数执行的次数。需要计到 1 200 多次，超过了 unsigned char 的范围，故数据类型是 unsigned int。

第 8~第 16 行：延时函数 delay（unsigned int n）的具体代码。与上一个项目不同的是，这里的延时使用了双重循环。内层循环次数 *t* 从 232 开始递减至零，外层循环由送入的

参数 n 决定，共执行 n 次内层循环。

 爱问小博士

这里的函数是什么？

C 是函数式语言，程序的全部工作都是由各个函数完成的，函数是 C 语言程序的基本单位。函数有系统固有的，也可以是用户自己定义的，编写 C 语言程序就是编写一个个函数。如 delay（unsigned char n）就是一个用户自己定义的延时函数，实际上就是一段延时程序，定义成函数后就成为一个独立的程序单位，什么时候想要延时就直接调用这个函数。一个函数由函数首部和函数体两部分组成。

函数首部：一般为一个函数的第一行，如 void delay（unsigned char n），其中 void 表示无返回值函数，只实现某种功能，delay 表示函数名，意为延时。一般函数取名时用英文，且要有相匹配的意思，便于阅读和理解。（unsigned char n）表示函数参数类型是无符号字符型，函数参数名为 n。函数调用时只需函数名和函数参数，如第 23 行 delay（305）；表示执行第 11～第 15 行的 while（）的循环 305 次，共延时 500 ms。

函数体：函数首部下用一对{}括起来的部分为函数体，可以有多个函数体嵌套，每一个函数体的{}按层次展开，如第 9～第 16 行。

函数体一般包括声明部分和执行部分。

声明部分：定义本函数所使用的变量，如第 10 行 unsigned char t；定义了只在本函数中用到的参数 t 为无符号型数据，称为局部变量。而第 6 行 unsigned char count；、第 7 行 unsigned int time；定义的参数 count、time 数据类型，表示不只指定用在某个函数中使用，而是在整个程序都可用到，称为全局变量。

执行部分：由若干条语句组成命令序列，如第 11～第 15 行。也可在其中调用其他函数，如第 20～第 24 行，这是在红灯闪烁函数里调用了延时函数。

第 17～第 25 行：待机缓冲期，红色指示灯闪烁函数具体代码。闪烁用输出取反运算实现，如"RED=!RED；"表示对原来输出的值取反后再送回到输出端，即原来如果是输出高电平、指示灯亮，取反后输出低电平、指示灯灭。每次取反后，延时 500 ms。10 次取反共 5 s。其间负载（紫外线灯管）关闭。

第 26～第 34 行：工作保护期，绿色指示灯闪烁函数具体代码。函数实现功能类同上一个函数，其间负载打开。

第 35～第 46 行：wait（）待机状态。待机时除了关闭负载外，还有不停地检测"功能切换"键信号。"功能切换"键是机械部件，这里采用上拉方式。当"功能切换"键按下，不可避免产生抖动，当第一次检测到 GP3 接口有低电平信号时，这里用 if（key==0）表示如果"功能切换"键按下，则先延时等待 15 ms，然后再次检测低电平信号是否仍旧存在。如果仍然是低电平，则确认"功能切换"键有效，否则就认为"功能切换"键无效，又称忽略。这种延时措施也能有效过滤电路中的一些干扰信号。若"功能切换"键有效，则执行"break；"语句。C 语言里"break；"语句可以跳出一层循环，即跳出待机状态函数。

第 47 ~ 第 62 行：工作状态 work（）函数的具体代码。工作状态下，打开负载及指示灯。检测是否有"功能切换"键信号要求中断工作状态。与待机状态一样，"功能切换"键的检测也是采用延时的方法过滤"功能切换"键抖动和电路干扰。

第 58 ~ 第 60 行：延时计时代码。计到 295 s 时，跳出 work（）函数。

第 63 ~ 第 74 行：主函数区域。

第 65 行：设置 TRIS 寄存器。本项目使用 GP3 作输入，其余端口作为输出。故输入、输出寄存器 TRIS 的配置及端口的初始值与项目二一样。具体见表 3—4。

表 3—4　　　　　　　　　　　　　　TRIS 端口寄存器

名称	Bit7	Bit6	Bit5	Bit4	Bit3	Bit2	Bit1	Bit0
TRIS	0	0	0	0	1	0	0	0

第 66 行：设置输入 / 输出接口 GPIO 初始值。由电路可知，初始时输出 0 电平使两个负载均处于关闭状态。

 爱问小博士

主函数是什么？与前面定义的延时函数、红灯闪烁函数有什么区别？

一个 C 语言程序至少包含一个 main（）主函数，或包含一个 main（）主函数和若干个其他函数。

主函数 main（）是所有 C 程序执行的起点。一个 C 程序总是从 main（）开始执行，而不论 main（）函数在程序中的位置。可以将 main（）函数放在整个程序的最前面，如项目二，也可放在程序的最后面，如本项目，或者放在其他函数之间。

本项目中，主函数的结构非常清晰，在做了简单设置后直接进入 while（1）循环，循环体内依次调用了待机缓冲 RedFlash（）、待机 wait（）、工作保护 GreenFlash（）、工作 work（）四个函数。其中 RedFlash（）是 5 s 后自动结束，进入下一个函数 wait（）。wait（）函数检测到有效"功能切换"键信号后跳出，跳出后按顺序，进入 GreenFlash（）。GreenFlash（）也是执行 5 s 后自动结束，进入 work（）。work（）函数检测到有效"功能切换"键信号，或者计时时间到后结束，结束后按循环体流程，进入 RedFlash（），依次循环。

 爱问小博士

这里有很多的"+""−""=""=="的符号，不知是什么意思？也不知道是怎么用的？

C 语言中能够进行数据处理的运算符有很多种，智能家电开发中用得较多的有：

算术运算符：用于各类数值运算。包括加（+）、减（−）、乘（×）、除（/）、自增（++）、自减（－－）等。其中加（+）、减（−）、乘（×）、除（/）与普通运算相同。

自增（++）、自减（－－）是 C 语言中最先提出的运算符，有以下四种形式：

第一种，++*i*：又称前加，表示 *i* 自增 1 后再参与其他运算。

第二种，*i*++：又称后加，表示 *i* 参与运算后 *i* 值再自动加 1。

第三种，--*i*：又称前减，表示 *i* 自减后再参与其他运算。如代码第 13 ~ 第 14 行 while（--*t*），while 首次判断循环条件是否成立时，判断的 *t* 是 232 先减 1 后的 231，所以该循环仅执行 231 次。

第四种，*i*--：又称后减，表示 *i* 参与运算后 *i* 值再自动减 1，如代码第 19 ~ 第 20 行，while（count--），while 首次判断循环条件是否成立时，判断的 count 值是 10，所以该循环共执行 10 次。

++ 与 -- 运算符单独使用一般不会引起理解障碍，如代码第 59 行。如果与其他变量混合使用，则比较容易弄错。牢记一点，看 ++ 或 -- 的运算符是放在变量的前面还是后面，放前面则先计算，后使用；放在后面则先使用，后计算。为了更清楚地理解，假设 *i* 的值为 3，经前加、前减和后加、后减的计算结果见表 3—5。

表 3—5 自增、自减运算结果对比

运算表达式	运算后 *i* 的值	运算后 *j* 的值	助记
j=++*i*;	4	4	加在前，先加后赋值
j=--*i*;	2	2	减在前，先减后赋值
j=*i*++;	4	3	加在后，先赋后加值
j=*i*--;	2	3	减在后，先赋后减值

关系运算符：用于比较运算。包括大于（＞）、小于（＜）、等于（==）、大于等于（＞=）、小于等于（＜=）、不等于（!=）。如代码第 60 行，使用 == 运算符判断计时的次数是否已累加到预定的值 1 207。

赋值运算符：用于赋值。主要用到的是简单赋值（=），如代码第 13 行，设置 *t* 的值为 232。

逻辑运算符：用于逻辑运算。包括逻辑与运算（&&）、逻辑或运算（‖）和逻辑非运算（!）。如第 22 行 RED=!RED 表示将 RED 的非赋值给 RED，即对 RED 取反。

 小窍门

单片机电路中的按键处理

单片机是典型的数字元器件，它对输入信号的识别只限于高电平和低电平，例如，将高于 2.5 V 的电平识别为 1，低于 2 V 识别为 0。但这个值也不是绝对的，通常还要随着单片机供电电压 V_{CC} 的波动而变化。当遇到输入电压介于 2 V 与 2.5 V 之间的情况时，这就是个模糊电平，可能识别为 1，也可能识别为 0。为避免这种状态长时间存在，通常会在按键上接一个上拉电阻或下拉电阻以缩短模糊电平的时间。如图 3—5 所示，两种方式均是家电产品电路板常见的，以采用上拉方式为多。注意：两种方式选择的电阻阻值不同，上拉电阻通常为 10 ~ 20 kΩ，下拉电阻阻值小些，通常为 2 ~ 5 kΩ。

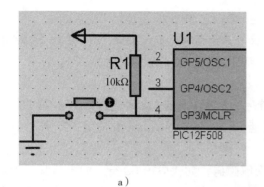
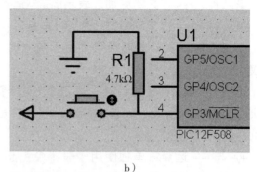

a）　　　　　　　　　　b）

图3—5　单片机电路中的按键处理方式

a）上拉电阻方式　b）下拉电阻方式

　　但是，即使接上上拉电阻或下拉电阻，还是不能完全保证按键信号的准确性。有一种情况会极大地影响单片机对按键信号的识别——按键抖动。按键是一种机械式弹性开关，当机械触点断开、闭合时，由于机械触点的弹性作用，一个按键开关在闭合时不会立即稳定地接通，在断开时也不会一下子断开。因而在闭合及断开的瞬间均伴随有一连串的抖动，如图3—6所示。这个时间一般为5～10 ms。解决这种问题的措施就是按键消抖。按键消抖有硬件方案，也有软件方案。硬件方案则需要额外增加电容或其他器件，增加成本。软件方案最典型的做法就是延时，等按键信号稳定后再次读取按键信号。家电产品中使用软件方案居多，本项目也采取了软件方案实现消抖，在待机和工作两个过程中按键切换时用到了软件延时消抖法，如第40～第44行、第53～第57行。

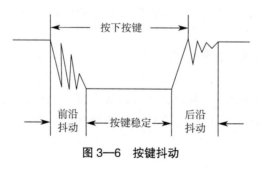

图3—6　按键抖动

小窍门

成为 MAPLAB 调试程序高手

　　MAPLAB 功能强大，自带了很多工具帮助开发人员方便地调试程序。部分功能或工具默认是不显示的，需要用户自行设置。

1. 让代码编辑窗口更好用

　　安装完 MAPLAB IDE 8.20a，代码编辑窗口默认显示方式如图3—7所示，没有行号且每行都显示，不利于程序的阅读、调试、修改等，特别当代码量较多时，更显得不方便。通过简单设置就能改变窗口显示样式，如行号显示、代码折叠显示……具体方法如下：

```
#include <pic.h>
#define RED GP5
#define RELAY GP4
#define GREEN GP0
#define key GP3
unsigned int count,time;
void delay(unsigned int n)
{
    unsigned char t;
    while(--n)
    {
        t=232;
        while(--t);
    }
}
```

图 3—7   MAPLAB 默认代码编辑窗口

打开 MAPLAB，单击"Edit"（编辑）菜单下的最后一项"Properties..."（属性）菜单项，如图 3—8 所示，在弹出的编辑器属性设置窗口，选择第二个设置选项"'C' File Types"，按图 3—9 所示选中各设置选项。

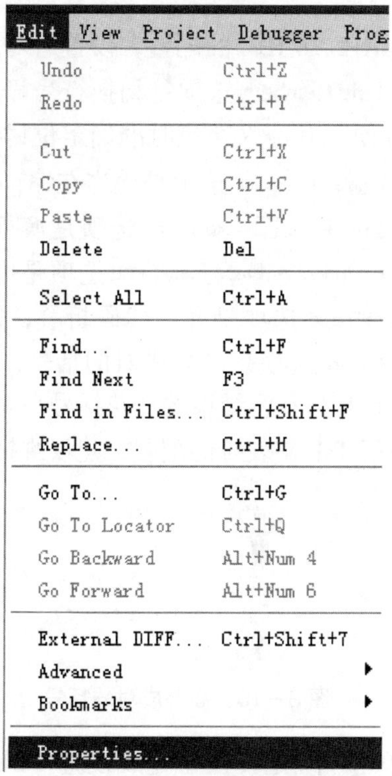

Edit	View Project Debugger Prog
Undo	Ctrl+Z
Redo	Ctrl+Y
Cut	Ctrl+X
Copy	Ctrl+C
Paste	Ctrl+V
Delete	Del
Select All	Ctrl+A
Find...	Ctrl+F
Find Next	F3
Find in Files...	Ctrl+Shift+F
Replace...	Ctrl+H
Go To...	Ctrl+G
Go To Locator	Ctrl+Q
Go Backward	Alt+Num 4
Go Forward	Alt+Num 6
External DIFF...	Ctrl+Shift+7
Advanced	▶
Bookmarks	▶
Properties...	

图 3—8   选择编辑器属性菜单项

图 3—9　编辑器属性设置窗口

编辑器设置实际上是对 MAPLAB IDE 的配置，设置后对后续新建的项目也按当前的设置显示。如图 3—9 所示，☑ **Line Numbers** 选项是切换行号显示，选中后，代码编辑窗口将会显示行号，建议选中，可方便与其他人交流时准确定位讨论的代码，不希望显示也可以取消选中该选项。☐ Double Click Toggles Breakpoint 选项是允许在编辑器界面的行号后可以通过鼠标双击来设置或取消断点。建议选中。☐ Auto Indent 选项是换行时代码自动缩进，建议选中，使编写的代码更加整齐。☐ Auto Indent w/ Brace Placement 选项是可以使函数的花括号自动缩进、对齐，也建议选中。☐ Enable Code Folding 选项是允许代码折叠，即选中后，可以折叠或展开代码，建议选中。☐ Highlight Matched 选项是高亮成对的括号，如图 3—10 所示，如选中函数体起始的左花括号，MAPLAB IDE 自动将结束的右花括号高亮显示，清楚地显示函数体的范围，建议选中。下栏选项是关于 Tab 制表符的配置，建议维持默认选项不变。

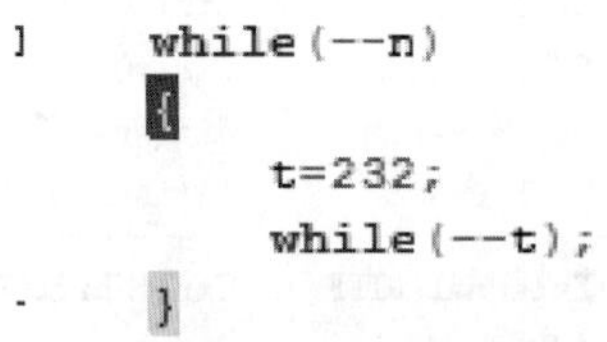

```
]      while(--n)
{
          t=232;
          while(--t);
-      }
```

图 3—10　高亮成对的括号

按图 3—10 所示选择后单击"确定"按钮完成设置，即可看到如图 3—11 所示的编辑器窗口，图中左侧显示了代码行号，而且还折叠了第 7 ~ 第 16 行，并在第 7 行的尾端显示被折叠的行号。

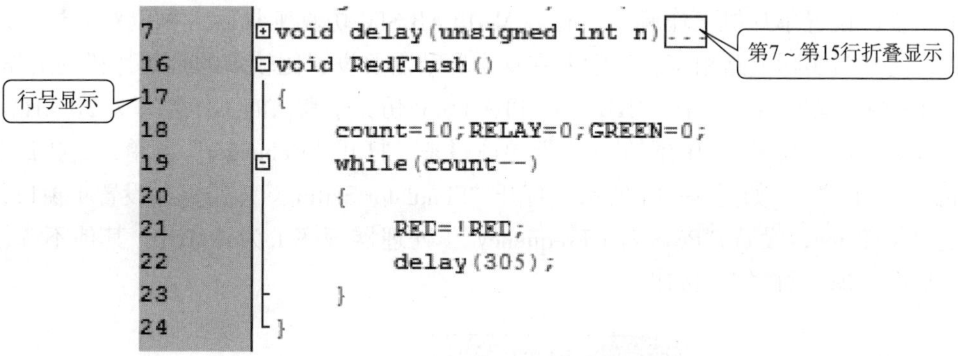

```
7     ⊞ void delay(unsigned int n)  . .        第7～第15行折叠显示
16    ⊟ void RedFlash()
17        {
18            count=10;RELAY=0;GREEN=0;
19    ⊟        while(count--)
20            {
21                RED=!RED;
22                delay(305);
23            }
24        }
```

行号显示

图 3—11　修改属性后的编辑器窗口

2. 获取代码、函数执行时间

C 语言编写的代码通常比较难计算其执行时间。在有些项目里，开发人员必须精确了解自己的代码执行的时间。如在这几个项目中都用到了延时，项目二中采用了仿真软件中的虚拟计时器／计数器，也可直接用 MAPLAB IDE 提供的一套 MAPLAB SIM 仿真工具，其中有一个比较直观的工具 StopWatch 可以显示出每行 C 语言代码执行的时间。

第一步，打开 MAPLAB SIM 仿真工具。打开 MAPLAB，单击"Debugger"（调试器）菜单下的"Select Tool"（选择调试工具），默认是"None"（选择无调试器），更改为 5 MAPLAB SIM，如图 3—12 所示。选中后，MAPLAB IDE 的工具栏将多出一条工具按钮，该工具包含多项功能，如进入单步执行、跳出单步执行、动画单步执行、设置断点、全速运行、暂停等，如图 3—13 所示。这些工具按钮将帮助用户把单片机运行速度降低，暂停后慢慢分析调试错误，还可以设置断点，即可设置让程序运行到什么位置，这样可以分块进行调试。

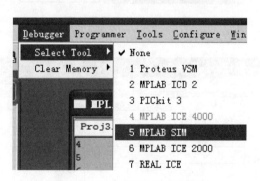

图 3—12　选中 MAPLAB 仿真

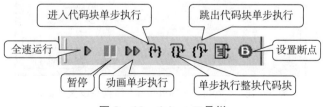

图 3—13　debug 工具栏

第二步，设置单片机工作频率。打开 MAPLAB SIM 仿真工具后，可以对调试器进行各项设置，使其与实际电路相符。初学者在这个环节需要设置比较多的是单片机的工作频率。PIC12F508 内部晶振的频率是 4 MHz，MAPLAB SIM 仿真中默认的工作频率为 20 MHz。工作频率直接影响代码执行时间的测量，需要更改过来。打开"Debugger"菜单，选择最后一项"Settings..."（设置），如图 3—14 所示，打开"Simulator Settings"（仿真器设置）窗口，第一页便是 OSC Trace，设置"Processor Frequency"（处理器频率）为 4 MHz，其他不变，如图 3—15 所示，单击"确定"按钮。

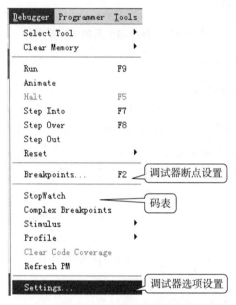

图 3—14　仿真设置选项

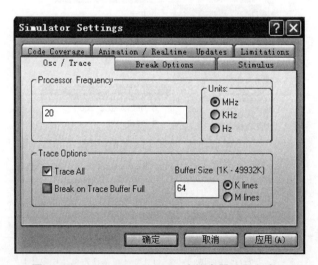

图 3—15　Simulator Settings（仿真器设置）窗口

第三步，打开 StopWatch（码表）。设置完工作频率后重新回到如图 3—14 所示界面，打开 Debugger（调试器）菜单，选择 StopWatch（码表），码表就是用来计时的。StopWatch（码表）界面如图 3—16 所示。

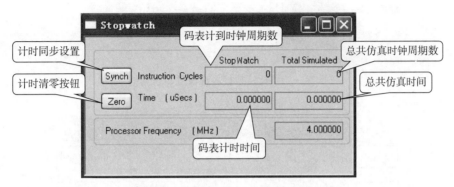

图 3—16　StopWatch（码表）界面

第四步，代码中设置断点。为了获得一段程序的执行时间，必须先设置好断点，即打算测试哪一段程序的执行时间。以调试 delay（305）的执行时间为例，双击 MAPLAB 代码编辑窗口的左侧行号 22 后灰色区域，行号 22 后添加了一个红色 "B" 图标，意为当代码执行到 22 行前，自动暂停，如图 3—17 所示。

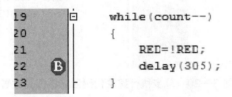

图 3—17　第 22 行处设置一个断点

第五步，运行仿真调试。单击调试工具栏上的全速运行按钮 ▷，MAPLAB SIM 开始仿真运行程序，很快程序停留在设置的断点——第 22 行处，如图 3—18 所示，绿色箭头指示当前正准备运行的位置。此时 StopWatch（码表）显示已经执行了 64 个语句周期，即 64 uSecs（微秒），如图 3—19 所示。如要获得 delay（305）的执行时间，先单击码表界面中计时清零按钮 "Zero" 将码表 StopWatch 栏数值清零。然后再单击一次 Step Over 按钮 ⟲，单步执行整块代码，实际上就是将延时函数的循环体第 11～第 15 行执行 305 次。执行完后，绿色箭头指向第 19 行，准备执行下一个 count-- 代码，如图 3—20 所示，而 StopWatch栏则显示执行 delay（305）的语句周期数 500 224 和经过的时间 500.224 mSecs（ms）。Total Simulated 栏显示总共经过的语句周期数 500 288 和总共的时间 500.288 mSecs（ms），如图 3—21 所示。这几个值是最精确的代码执行时间。所以，想要让红灯、绿灯闪烁 5 s，只需将 count 设置为 10，这样就能获得 500 ms×10 共 5 s 的延时。通过这种方法，开发人员可以准确地掌握每行代码，每一个函数的执行时间，如 delay（10）、delay（150）的执行时间也可用此法测出，这样也就能很快计算出需要延时的循环次数。

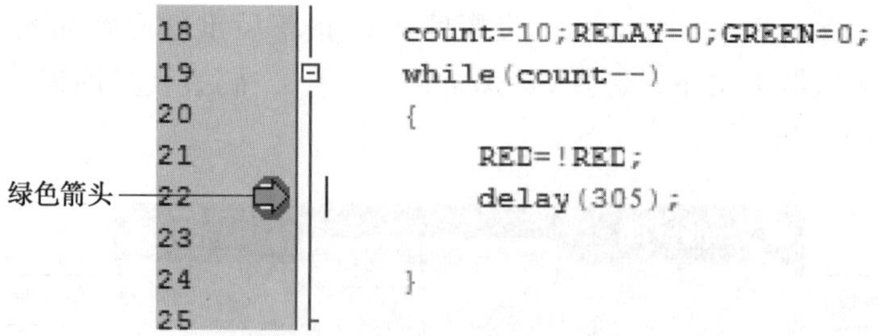

图 3—18　程序执行停在设置的断点处

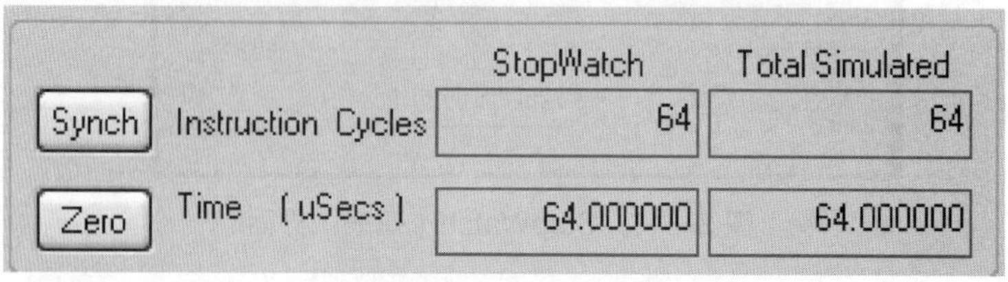

图 3—19　码表显示

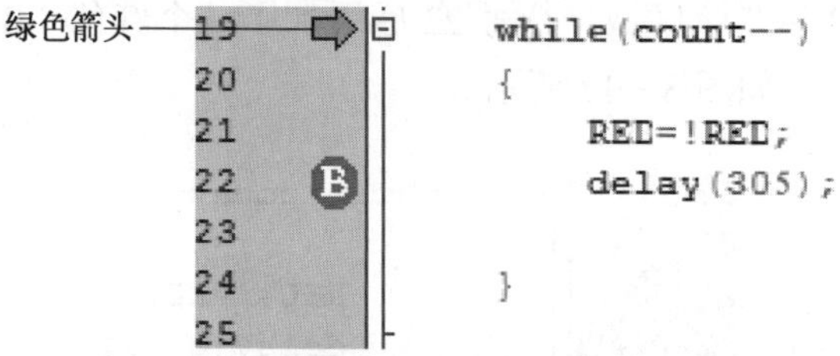

图 3—20　单步执行整块代码后光标停留位置

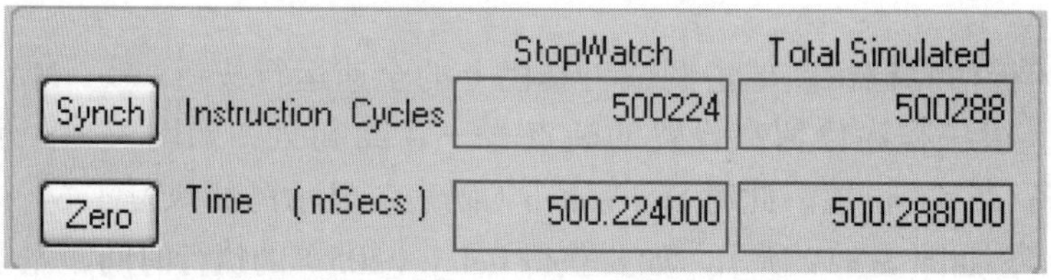

图 3—21　单步执行整块代码后码表显示

【活动六】紫外线治疗仪仿真验证

参考项目一任务三中的方法，新建空白仿真文件，保存到 D：\MyProjs\Proj3 目录下。绘制仿真图，并连线，修改各元器件值，如图 3—22 所示设置。运行仿真按钮，观看仿真效果。上述程序经仿真软件 Proteus 准确测试，现象直观，结果如下：

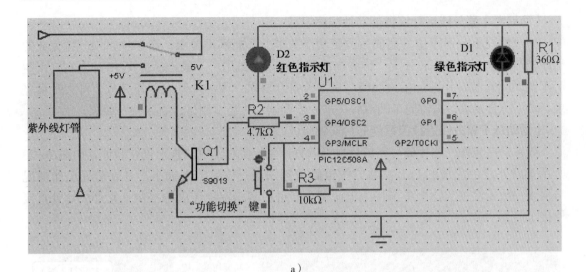

a)

b)

图3—22 紫外线治疗仪智能芯片仿真
a)紫外线治疗仪待机状态仿真结果 b)紫外线治疗仪工作状态仿真结果

初始状态，绿灯灭，红灯闪烁5次，红灯长亮，继电器不工作，如图3—22a所示。按下"功能切换"键，继电器工作，触点向下吸合，绿灯闪烁5次（5 s），绿灯常亮5 min，如图3—22b所示。然后继电器停（模拟负载指示灯灭），回归初始。

绿灯常亮期间，按下"功能切换"键，继电器停（模拟负载指示灯灭），回归初始。

红灯或绿灯闪烁期间不受理按键信号。

仿真结果与设计要求相符。

【活动七】紫外线治疗仪智能芯片程序烧写

一般情况下，程序仿真完成后逻辑功能基本上都能满足要求。参考项目二，将完成的程序烧写到 PIC12F508 芯片上，作为样品交生产车间试用。一般样品提交 10 片左右，由生产车间实际安装，并进行相关功能测试。若符合要求，则芯片开发工作完成，可大批量烧录。若不符合要求，需协同车间对程序进一步调试、仿真、测试，直到符合要求。

【活动八】紫外线治疗仪智能芯片实物验证

如果条件允许，芯片烧写完成后也可以直接装在实际的电路板上进行验证。如图 3—23 所示为紫外线治疗仪的 PCB 实物，按电路原理图进行安装，并插上芯片，验证工作情况与要求一致（注：实物图中未接上电源部分，可由实验室稳压电源提供，紫外线灯管直接外接）。

图 3—23　紫外线治疗仪 PCB 实物验证

 思考

1. 修改第 11 行 while（--n）为 while（n--），比较程序执行结果的差异。

2. 如果该紫外线治疗仪在待机状态时增加一个辅热负载，有几个方案可以实现？怎么实现？

3. 用 MAPLAB 仿真码表测试 delay（15）、delay（150）的执行时间。

4. 调查家用紫外线治疗仪的市场现状及发展空间。

四、项目评价

紫外线治疗仪智能芯片开发项目评价见表 3—6。

表 3—6 紫外线治疗仪智能芯片开发项目评价

项目内容	配分	评分标准		扣分
项目认知	20	（1）不能按产品说明书正确操作 （2）不能按控制要求正确描述产品功能	扣 5 分 扣 15 分	
项目实施	70	（1）不能提供两种以上的芯片选择方案 （2）不能根据提示编制程序流程框图或程序 （3）不能使用 MAPLAB 软件编写、调试程序 （4）程序流程框图不全或程序功能实现不全 （5）不能使用 Proteus 仿真软件实现仿真 （6）不能使用 ICD 2 烧录器烧写芯片 （7）不能使用 MAPLAB 仿真进行计时 （8）不能完成思考题	扣 5 分 扣 5～10 分 扣 5～10 分 扣 5～10 分 扣 5～10 分 扣 5 分 扣 10 分 1 个扣 2 分	
安全文明生产	10	违反安全生产规程	扣 10 分	
得分				

■■■■■ 项目四

干鞋器智能芯片开发

一、目标要求

1. 能分析干鞋器功能，分析输入、输出方式，确定输入、输出点数。

2. 能根据客户对智能干鞋器的功能需要进行芯片选择，并做出成本预算。

3. 能熟练使用开发平台和仿真平台。

4. 能按照提示完成干鞋器智能芯片程序编制和调试仿真，并能解释仿真结果。

5. 能正确理解 C 语言的相关知识（如常量、变量及选择结构等）。

6. 能阅读程序流程框图和程序。

7. 能进行简单外围电路分析。

8. 能按照电路原理图进行干鞋器实物验证。

二、项目准备

为确保本项目顺利完成，除前面用到的软、硬件外，还需准备某型号干鞋器成品一个，散件一套，如图 4—1 所示。单片机选用 PIC12F508 型号，同项目三。

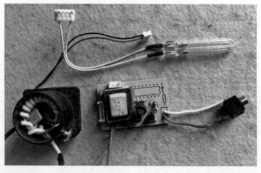

a)   b)

图 4—1　某型号干鞋器成品及散件

a) 某型号单片机方案干鞋器成品　　b) 某型号单片机方案干鞋器散件

三、项目认知与实施

【活动一】干鞋器体验

干鞋器是专门用来烘干、干燥鞋子的小家电，也叫烘鞋器、暖鞋器、烤鞋器，其核心是低功率发热器件。通过制热，对鞋子烘干、保暖、除臭。市场上低端的干鞋器一般只有加热、烘干功能，没有控制器，接上电源就工作。为保证电器安全，这类干鞋器产品功率偏小，烘鞋需要很长时间且效果差，市场价 10~30 元，如图 4—2 所示。

图 4—2 普通干鞋器

高端的干鞋器还配备臭氧发生器或紫外线灯（用于除臭或杀菌）、小风扇（加快烘干除湿效果）、药物器皿（盛放香水、精油）等附加器件，因此，烘干、除臭效果更佳，兼具杀菌等功效。这类干鞋器需由单片机控制，使用更安全、更高效能的 PTC（Positive Temperature Coefficient，正的温度系数）加热，基本都配备杀菌、除臭模块和送风小电扇，产品的附加值大幅提升，市场售价基本上在 200 元以上甚至更高。

相对低端的干鞋器，单片机控制的干鞋器一般都有以下优点：臭氧杀菌，不残留有毒物质；送风式设计，杀菌、除臭无死角；快速烘干鞋袜内湿气，保持干爽；臭氧可强力杀灭引起各种皮肤病的细菌，有效防止足癣（俗称"香港脚"、脚气）；迅速去除多汗引起的鞋内恶臭，避免家中拖鞋交互感染各种微菌或细菌；单片机定时控制，操作简单、方便。

干鞋器一般质量轻、体积小、耗电省、发热快、便于携带，日本、韩国、俄罗斯等国家用户更多。在潮湿的下雨天、寒冷的冬天，每天早上可以穿温暖干燥的鞋子出门，也是种简单的幸福。如图 4—1a 所示为某型号单片机控制方案的干鞋器。该干鞋器共有一个控制器、两个鞋状烘干模块。控制器面板（见图 4—3）上有两个按键，分别是"时间"键和"停止"键。3 个 LED 指示灯，分别是 5 min、10 min、20 min，以适用于夏季、春秋季及冬季。

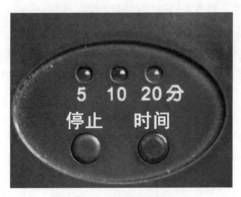

图 4—3 干鞋器控制面板

该干鞋器使用 PTC 发热器、送风风扇、紫外线灯 3 个负载，PTC 发热器、送风风扇装在同一个塑料件中，如图 4—4 所示。由于采用主动送风式设计，可以较短时间内完成干鞋、杀菌效果。

图 4—4 干鞋器的 3 个负载

a) PTC 发热片 b) 风扇 c) 紫外线灯

认真阅读操作说明书，按操作说明书进行以下操作，仔细观察其工作过程，思考并完成以下几个问题：

1. 该干鞋器是否有单独的开机按键？接通电源后指示灯闪烁，你认为可以怎样实现？

2. 10 min 指示灯既作为电源指示又作为 10 min 工作模式指示，你认为可以怎样实现？

3. 通过操作、观察，你认为该干鞋器有几个输入、几个输出？

4. 按下"时间"键换挡时，定时时间是连续计时还是重新计时？

5. 3 个时间切换的规律如何？

将干鞋器两个烘干模块分别放入两只鞋子中。再插上电源插头，接通电源，10 min 指示灯以 1 Hz 频率闪烁，指示空闲状态，PTC 发热片、紫外线灯、送风风扇均处于关闭状态。轻按控制器上换挡按钮，5 min 指示灯亮，其余指示灯熄灭，计时开始，进入工作状态，PTC 发热片、紫外线灯和送风风扇打开；再按一次时间换挡选择键，10 min 指示灯亮，其余指示灯熄灭，计时重新开始；每次按下时间挡选择键，可在 5 min、10 min、20 min 3 个时间挡间依次循环切换。开启后可无人看守，按设定时间自动烘鞋，设定时间到，干鞋器将自动关闭，进入空闲状态。安全、节能省电。或在烘干过程中，随时轻触"停止"键，立即关闭 PTC 发热片、紫外线灯和送风风扇，10 min 指示灯闪烁，进入待机状态。

 爱问小博士

PTC 发热片是什么？

PTC 发热片是利用 PTC 热敏电阻制作的具有恒温发热特性的一种发热器件，其温度特性曲线如图 4—5 所示。

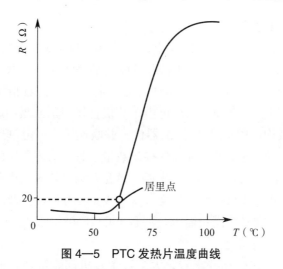

图 4—5 PTC 发热片温度曲线

由图 4—5 可以看出，PTC 发热片的阻值取决于温度，温度低时，其阻值低，将其并联接入电路后，功率较大，迅速将电能转换为热量。当温度升高到一定值（居里点温度），阻值进入跃变区急剧增大，则加热功率急剧下降。因此，PTC 发热片表面温度能保持较稳定的范围，实现恒温效果。在中、小功率的加热场合，PTC 加热器具有恒温发热、无明火、热转换率高、受电源电压影响极小、自然寿命长等传统发热元件无法比拟的优势，在电热器具中的应用越来越广泛。

【活动二】干鞋器智能芯片选择

1. 干鞋器功能分析

根据干鞋器产品说明及活动一的操作体验，分析干鞋器功能。具体如下：

（1）开机。接通电源，10 min 指示灯亮且以 1 Hz 频率闪烁，PTC 发热片、紫外线灯及送风风扇均处于关闭状态，指示当前处于待机状态，等待用户选择定时时间。显然 10 min 指示灯又兼作电源指示，它的控制与前两个项目的电源指示灯控制完全不一样，需要一个输出由单片机控制。

（2）工作过程

1）时间选择。接通电源后要让该机工作需先选择时间。在待机状态下，按时间选择键。有 3 个时间可以选择，而且每个时间选择完毕就有对应的指示灯亮起，同时另外 2 个时间指示灯熄灭。这里，1 个"时间"键作为换挡输入，3 个时间指示灯由输出驱动。同时还有加热、风扇及紫外线灯 3 个负载作为输出驱动。

2）时间切换顺序。3 个可选择的时间分别是 5 min、10 min、20 min。第一次按下，进入 5 min 工作模式，每按一次依次循环。表示工作模式切换是依次且循环；每进入一个工作模式都是重新计时；只要在工作状态下都可随时切换按键以改变输出状态；10 min 工作模式指示灯与待机指示灯共用。

（3）停机。在任何一种工作模式下，只要按下"停止"键，或定时时间到，该机立即进入待机状态，待机指示灯闪烁，加热、送风、紫外线灯停止工作。

2. 干鞋器智能芯片要求解读

（1）输入和输出。根据干鞋器功能要求，干鞋器控制器需 2 个输入，输入对象为按键。考虑到干鞋器的 PTC 发热片、紫外线灯和送风风扇都是小功率负载，1 个继电器足够同时驱动，所以只需要 4 个输出，输出接口驱动对象分别为 3 个 LED 指示灯和 1 个继电器。这样总共需要 6 个 I/O 接口。按键和指示灯可由单片机直接识别或驱动。PTC 发热片、紫外线灯和送风风扇 3 个负载均选用 12 V 电压的器件，并联连接，可由单片机输出通过晶体管放大驱动继电器，进而带动负载工作。从 I/O 接口数量上看，前述所用的 PIC12F508 单片机能符合要求。综合考虑产品的成本、体积和电路，这里建议选用 8 只引脚 Microchip PIC12F508 的单片机。PIC12F508 共有 8 只引脚，电源 V_{DD} 和 V_{SS} 占用 2 只引脚，其余 6 只引脚全部设置为普通 I/O 接口使用，刚好能满足需求。而且 PIC12F508 内部集成 RC 振荡电路和内部复位电路，可以使外围电路最简化。

（2）驱动能力。从输出驱动要求看，大多数单片机都能符合要求。同等条件下，使用驱动能力强的单片机能使外围电路设计更自由。PIC12F508 的 I/O 接口驱动能力强，单只引脚最大输出电流为 20 mA，能够轻松驱动 LED。同时该芯片经过多年市场考验，其稳定性和抗干扰能力在业内有很好的口碑。

（3）性价比。现在市场上单片机种类较多，品牌各异。选择时要多查询，尽可能选择性价比高的芯片，以降低生产成本，提高市场竞争力。

3. 干鞋器智能芯片选择

根据对干鞋器的功能分析和对智能芯片的要求分析，建议选择 PIC12F508 芯片。它是一种 8 只引脚 8 位闪存单片机，512 字节 ROM 和 25 字节 RAM，6 个 I/O 接口和一个 8 位内部定时器，其外形和引脚如图 4—6 所示。其引脚功能说明见表 4—1。

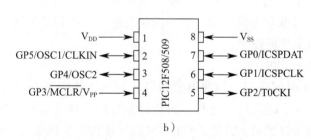

a）   b）

图 4—6　PIC12F508 芯片外形及引脚

a）外形　b）引脚排列

表 4—1　　　　　　　　　　　　　　　PIC12F508 引脚配置说明

名称	功能	输入类型	输出类型	说明
GP0/ICSPDAT	GP0	TTL	CMOS	双向 I/O 引脚，可由软件编程为内部弱上拉并在该引脚电平改变时从休眠模式唤醒
	ICSPDAT	ST	CMOS	在线串行编程数据引脚

续表

名称	功能	输入类型	输出类型	说明
GP1/ICSPCLK	GP1	TTL	CMOS	双向 I/O 引脚，可由软件编程为内部弱上拉并在该引脚电平改变时从休眠模式唤醒
	ICSPCLK	ST	CMOS	在线串行编程数据引脚
GP2/T0CKI	GP2	TTL	CMOS	双向 I/O 引脚
	T0CKI	ST	—	到 TMR0 时钟输入引脚
GP3/$\overline{MCLR}$/V_{PP}	GP3	TTL	—	输入引脚，可由软件编程为内部弱上拉并在该引脚电平改变时从休眠模式唤醒
	$\overline{MCLR}$	ST	—	主复位。当被配置为 $\overline{MCLR}$ 时，该引脚为低电平有效。$\overline{MCLR}$/V_{PP} 和电压不得超过 V_{DD}，否则器件将进入编程模式
	V_{PP}	HV	—	编程电压输入
GP4/OSC2	GP4	TTL	CMOS	双向 I/O 引脚
	OSC2	—	XTAL	晶振输出。内部晶振 4 MHz，±1%
GP5/OSC1/CLKIN	GP5	TTL	—	双向 I/O 引脚
	OSC1	XTAL	—	晶振输入
	CLKIN	ST	—	外部时钟源输入
V_{DD}	V_{DD}	—	P	逻辑电路和 I/O 引脚的正电源
V_{SS}	V_{SS}	—	P	逻辑电路和 I/O 引脚的参考地

【活动三】干鞋器智能芯片引脚分配及外围电路分析

由于采用单片机方案，干鞋器的控制电路非常简单，如图 4—7 所示为干鞋器电路原理图。具体输入、输出信号见表 4—2。

表 4—2　　　　　　　　　　　　　输入、输出信号表

输入信号		
信号名称	分配引脚	意义或作用
"停止"键	GP0	停止控制
"时间"键	GP3	时间挡选择
输出信号		
信号名称	分配引脚	意义或作用
指示灯	GP1	5 min 指示灯，点亮、熄灭
指示灯	GP2	待机指示，闪烁；10 min 指示灯，点亮、熄灭
指示灯	GP4	20 min 指示灯，点亮、熄灭
继电器	GP5	驱动 PTC、紫外线灯、风扇

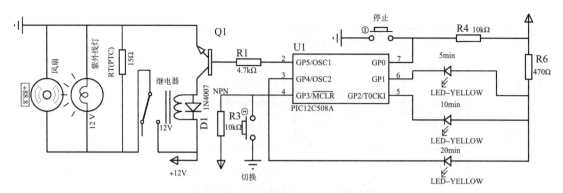

图4—7　干鞋器智能芯片电路原理图

图4—7中，GP1、GP2、GP4引脚分别接3个指示灯。PIC12F508可以直接驱动指示灯工作，PCB设计过程中为方便布线，改为灌电流方式，即LED指示灯的阴极接单片机I/O接口，阳极经470 Ω限流电阻接电源+5 V，当该引脚输出为低电平时，指示灯亮。根据功能说明，同一时刻3个指示灯仅有1个点亮，故设计成共用一个电阻，节约电路板空间。

GP0、GP3接2个按键。PIC12F508的GP3引脚只能做输入接口（见表4—1），所以将GP3定义为按键输入。另一按键输入选用GP0，在PCB（印制电路板）设计过程中，为方便布线而调整的。两只引脚均通过10 kΩ电阻上拉，使按键松开后单片机I/O接口迅速恢复到高电平，确保按键动作的准确识别。

GP5输出控制负载开关。即便是驱动能力强大的PIC单片机，其I/O接口最大电流也不足以直接驱动紫外线灯、风扇或者PTC发热片中的任何一个负载，故只能借助于继电器以弱控强。继电器线圈工作一般需要50~80 mA的电流，GP5最大能输出20 mA电流，通过一个NPN晶体管（一般使用S9013或S8050）放大后，可以稳定地控制继电器的吸合，如图4—7中的Q1。本项目中继电器选用额定工作电压为12 V的继电器，比前面几个项目使用的继电器工作电压高，功率大。线圈两端反向并联一个二极管D1，称为续流二极管，用来保护晶体管等器件。

 爱问小博士

什么叫续流二极管，为什么要接续流二极管?

因为继电器的线圈实质上也是一个很大的电感，它能以磁场的形式储存电能，所以当它吸合的时候存储大量的磁场能量。当控制继电器的晶体管由导通变为截止时，线圈断电，这时线圈在断开瞬间会产生反向感应电动势，电压甚至可高达1 000 V以上，很容易击穿驱动晶体管或电路的其他元件。线圈两端并联一个二极管，且其接入正好和反向电动势方向一致，产生的反向电势正好通过续流二极管形成回路，释放了能量，从而起到保护电路中晶体管Q1等元件不被感应电压击穿或烧坏的作用，如图4—7中的D1 1N4007，称为续流二极管。一般情况下，续流二极管是开关速度比较快的二极管，常见的型号可以选1N4007或1N4148。前几个项目使用的继电器功率小，电压低，不足以对晶体管造成损坏，没有并联续流二极管，从安全角度考虑，还是应该使用续流二极管。续流二极管在电路中也比较常见，如在显示器消磁继电器上也用到续流二极管。

【活动四】干鞋器智能控制程序流程框图编制

从功能说明可知，干鞋器工作状态分为两种：空闲状态和工作状态，其中工作状态分为 5 min 工作模式、10 min 工作模式和 20 min 工作模式。接通电源后，首先进入空闲状态，要求 10 min 指示灯以 1 Hz 频率闪烁，指示当前处于待机状态，并等待用户选择定时时间，PTC 发热片、紫外线灯、送风风扇均处于关闭状态。这时 10 min 指示灯兼待机指示。当检测到有效的"换挡"键信号时，首先进入 5 min 挡的工作模式，5 min 指示灯亮，其余指示灯熄灭，计时开始，计时时间为 5 min，并立即开启 PTC 加热、紫外线消毒、小风扇送风等负载，同时反复检测是否有"停止"键信号和"换挡"键信号。如果检测到有效的"停止"键信号，立即进入空闲状态。如果检测到"换挡"键有效，则进入下一个时间挡模式，当前的计时清零，重新开始计时。工作状态下，如果没有按"停止"键，计时时间到自动进入空闲状态。

按功能要求编制程序流程框图。参考程序流程框图如图 4—8 所示。

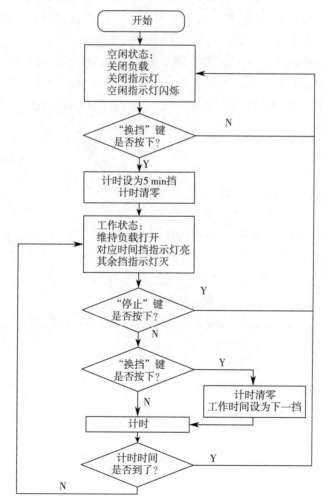

图 4—8　干鞋器智能控制程序流程框图

【活动五】干鞋器程序编制、调试

按程序流程框图，参考项目二中活动四的具体方法在软件开发平台 MAPLAB IDE V8.20a 中进行程序编制并调试，程序编写采用 C 语言。建议在 D 盘 MyProjs 目录下建立一个 Proj4 文件夹，新建工程为 Proj4 并保存在 "D：\MyProjs\Proj4\ 目录下。详细代码如下。

```
1   /*
2   2018-9-11 更新
3   2018-9-10 创建经仿真 Proteus 测试与实际电路板测试
4
5   干鞋器项目代码。4 MHz RC 振荡，延时函数计时
6   描述：2 个按钮，3 个指示灯，1 个 12 V 负载带 3 个 12 V 器件
7       初始即为空闲状态：负载停止，10 min 指示灯闪烁，其余灯熄灭
8       按下 "KeyChange" 键，进入工作状态：保持负载开启，对应时间挡指示灯
9       开启，其余指示灯熄灭
10      "KeyChange" 键每按下一次，在 5 min、10 min、20 min 之间切换，每次切换重
11      新计时，时间到进入空闲状态；或按下 "KeyStop" 键，进入空闲状态
12  HI-TECH C PRO for the PIC10/12/16 MCU family (Lite) V9.60PL5
13  MAPLAB 8.20a
14  */
15  #include <pic.h>
16  #define KeyChange GP3 // "换挡" 键
17  #define KeyStop GP0 // "停止" 键
18  #define M5 GP1 //5 min 指示灯，0 开启，1 关闭
19  #define M10 GP2//10 min 指示灯，0 开启，1 关闭
20  #define M20 GP4//20 min 指示灯，0 开启，1 关闭
21  #define RELAY GP5// 继电器负载，0 开启，1 关闭
22  unsigned char status，countTimer; //status 状态，countTimer 计时、计数用
23  unsigned int sec; // 计时，计秒数
24  bit lightS; // 存储空闲指示灯状态
25  void delay (unsigned char n) // 延时函数
26  {//delay (50) 为 20 ms
27          unsigned char t;
28          while (--n)
29          {
```

```
30                      t=48;
31                      while (t>0) t--;
32              }
33              t=46;
34              while (t>0) t--;
35              asm ("NOP") ; asm ("NOP") ; asm ("NOP") ;
36              asm ("NOP") ; asm ("NOP") ; asm ("NOP") ;
37              asm ("NOP") ;
38  }
39  void checkStop ( ) // 计时终止检查函数
40  {
41              switch (status)
42              {
43                      case 5：// 空闲状态
44                              break;
45                      case 0： if (sec==299)
46                                      {status=5; RELAY=0; countTimer=0; sec=0; }//
                                        5 min 挡
47                              break;
48                      case 1： if (sec==597)
49                                      {delay (255) ; delay (255) ; delay (255) ; delay
                                        (255) ;
50                                      status=5; RELAY=0; countTimer=0; sec=0; }//
                                        10 min 挡
51                              break;
52                      case 2： if (sec==1195)
53                                      {status=5; RELAY=0; countTimer=0; sec=0; }//
                                        20 min 挡
54                              break;
55              }
56  }
57  void getKey ( ) // 获取按键信号，设置状态
58  {
59              if (KeyChange==0) // "换挡" 键代码
60                      {
```

```
61          delay (50) ; //20 ms 按键去抖动
62          countTimer++; // 去抖动时间也计入计时时间
63          while (KeyChange==0)
64          {// 等待用户松开按键，等待时间也计入计时时间
65                  delay (50) ;
66                  countTimer++;
67          }// 按键去抖动结束
68          status++; // 修正状态值
69          if (status==6||status==3) status=0;
70          // "换挡" 键只能让状态在 0～2 状态间切换
71          countTimer=sec=0; // 切换后计时清零
72       }
73
74          if (KeyStop==0) // "停止" 键代码
75          {
76                  delay (50) ;
77                  countTimer++;
78                  while (KeyStop==0)
79                  {
80                          delay (50) ;
81                          countTimer++;
82                  }// "停止" 键去抖动
83                  status=5; // 设置为空闲状态
84          }
85  }
86  void outPut ( ) // 根据状态输出指示灯和负载控制
87  {
88          switch (status)
89          {
90              case 5: M10=lightS; RELAY=0; M5=1; M20=1;
91                  break; // 空闲时只闪烁中间指示灯
92              case 0: M5=0; M10=1; M20=1; RELAY=1;
93                  break; //5 min 挡，开负载，开 5 min 指示灯
94              case 1: M5=1; M10=0; M20=1; RELAY=1;
```

```
95                              break; //10 min 挡，开负载，开 10 min 指示灯
96                  case 2: M5=1; M10=1; M20=0; RELAY=1;
97                              break; //20 min 挡，开负载，开 20 min 指示灯
98              }
99  }
100 void timeCount ( )
101 {
102             delay (50) ; //20 ms 延时
103             countTimer++; //20 ms 计数
104             if (countTimer==25||countTimer==50) lightS=!lightS;
105             // 计 25 次为 0.5 s，50 次为 1 s，每 0.5 s 空闲指示灯改变一次
106             if (countTimer>=50) //50 次 20 ms 为 1 s
107             {
108                 sec++;
109                 countTimer−=50;
110             }
111 }
112 void main ( )
113 {
114         OPTION=0xdf; //GP2 配置为普通 I/O 接口
115         TRIS=0x09; //0b0000 1001，GP0、GP3 作为输入，其余输出
116         GPIO=0x1f; //0b0001 1111，初始关闭所有负载
117         delay (50) ; // 延时，让晶振起振稳定
118         lightS=0;
119         status=5; // 初始进入空闲状态
120         //0: 5 min 挡 ; 1: 10 min 挡 ; 2: 20 min 挡 ; 5: 空闲
121         while (1)
122         {
123             outPut ( ) ;
124             getKey ( ) ;
125             timeCount ( ) ;
126             checkStop ( ) ;
127         }
128 }
```

【代码说明】

第 1 ~ 第 14 行：工程注释，简要写明工程要求、创建日期、修改记录、作者等信息。

第 15 行：引入 pic.h 头文件。

第 16 ~ 第 21 行：预定义各引脚名称，用比较容易读的名称代替将要用到的 6 只引脚，可以增加代码的可读性。而且后续的开发如果需要变更接口，只需在这里做一次修改即可。

第 22 行：定义 status 状态变量和 countTimer 计数变量。

 爱问小博士

什么是状态变量和计数变量?

一个程序的运行说到底就是对数据的各种处理，C 语言中有两种数据，即常量和变量。

常量是指值不变的量，即常数。常量有两种类型：一种是直接常数，即直接用数字表示，如 3.14。另一种是符号常量，即用一个有意义的符号表示某个特定的值，实际上就是直接常数的代号，如用 PI 代表圆周率。但在使用符号常量之前必须先有一个明确的定义，一般在程序的头部用 #define 命令对它进行定义。格式如下：

#define PI 3.14;

即定义了 PI 的值为 3.14，此后程序中凡出现 3.14 的地方都可用 PI 来代替。这样做的好处在于使程序表达含义清楚，也简化了程序的数据输入，而且当需要修改同一个常量时只需修改一处就可实现全局的修改。

变量是指程序运行过程中其值可以改变的量。因此，每个变量都有一个名字，称为变量名，而且还需要进行变量类型的说明，如在项目二中出现的 *count*、*t* 以及项目三中出现的 *n* 等都是变量。变量类型的说明相当于给变量进行注册，编译时系统会根据变量的类型在内存中分配一个对应的存储空间，变量具体的值就存放在这个空间里，需要时直接使用变量名就可以读出其存储的变量值。格式如下：

unsigned int count;

这种定义，只说明了变量类型为无符号整型，相当于给 *count* 分配了一个 16 位的存储空间，类似于登记了宾馆的一个空的双人房间。

或

unsigned char t=232;

这种定义，既说明了变量类型为无符号字符型，还给变量 *t* 赋了一个初始值 232，类似于登记了一个宾馆的单人房间，且第一天已有人住了，第二天谁住是可以变的。

变量在 C 语言中的应用灵活多变，究其实质变量就是内存或寄存器中用一个标识符命名的存储单元，可以用来存储一个特定类型的数据，并且数据的值在程序运行过程中可以进行修改。为了方便，在给变量命名时，最好能符合大多数人的习惯，基本可以望名知义，便于交流和维护。

由于程序的多样需要，为了便于区分变量的有效区域，可把变量分为局部变量和全局变量。这里 status 用于指示当前工作模式的状态值，具体对应关系见表 4—3。countTimer 用于对延时函数 delay（50）的计数。

表 4—3　　　　　　　　　当前工作模式的状态值与工作状态的对应关系

序号	status 值	状态名称
1	0	5 min 计时模式
2	1	10 min 计时模式
3	2	20 min 计时模式
4	5	空闲状态

第 23 行：定义变量 sec 用于计时秒数。

第 24 行：定义位变量 lightS，用于空闲时指示灯的闪烁。

第 25 ~ 第 38 行：延时函数 delay 的具体代码。

 小窍门

利用延时基准函数获得精准延时

C 语言编写的延时函数很难达到精确的整数值时间，我们可以借助 MAPLAB SIM 仿真，在第 63 行设置断点，借助 StopWatch 码表测得代码第 27 ~ 第 34 行执行时间为 19.993 ms，如图 4—9 所示，离 20 ms 整数差 7 μs。具体方法可参考项目三。在 PIC12F508 内置的 RC 4 MHz 振荡频率下，单片机执行一个单周期语句的时间（如 NOP 语句）是 1 μs。故第 35 ~ 第 37 行使用嵌入汇编的方法，插入 7 条汇编 NOP 语句，使 delay（50）的延时时间调整为 20 ms，如图 4—10 所示。本项目中，以这个 delay（50）函数为基准，用 countTimer 对其执行次数计数，计满 25 次为 1 s。再用 sec 对秒数计数，理论上若记满 300 次即为 300 s，就可以得到相对比较准确的 5 min。同理，分别记满 600 次、1 200 次就可以得到相对比较精确的 10 min、20 min 的计时。

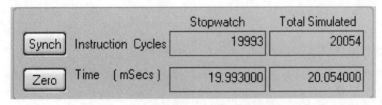

图 4—9　MAPLAB SIM 仿真测出未插入汇编语句时 delay（50）计时

图 4—10　MAPLAB SIM 仿真测出插入汇编语句后 delay（50）计时

第 39～第 56 行：checkStop 计时终止检查函数。该函数完成计时结束的判别。根据当前的状态和选择的时间挡，即 status 值，判断对应的 sec 是否到达对应的计数值。

 爱问小博士

这里的 switch（status）及 case 等语句是什么意思呢?

这就涉及程序的控制结构。不管使用何种语言，其程序的执行一定是逐条按顺序执行。当需要改变执行顺序时，就需要用控制结构来实现。程序控制结构可以分为 3 种基本结构，即顺序结构、选择结构、循环结构。

顺序结构是最简单的程序结构，就是按直线式的程序顺序执行，没有分支。

选择结构是在程序执行中按照所给的条件，从几个可能的判断中选出一种执行，实现选择结构的有 if 语句和 switch 语句。

if 语句是几个项目中用得比较多的，格式如下：

if（表达式）语句；

其语义是：如果表达式值为真，则执行其后语句，否则不执行该语句。这种选择称为单分支选择。

if（表达式）

语句 1；

else

语句 2；

其语义是：如果表达式值为真，则执行语句 1，否则执行语句 2。这种选择称为双分支选择。

当有多个选择时可以用多重 if…else 语句，也可以用 switch 语句。格式如下：

switch（表达式）

{

    case 常量表达式 1；

    语句 1；

    break；

    case 常量表达式 2；

    语句 2；

    break；

    …

}

其语义是：先对 switch 后的表达式进行计算，将计算的结果逐个与下面几个 case 后的常量表达式值比较。当表达式的值与某个常量表达式值相等时，即执行该 case 后的语句。最后由 break 语句跳出整个 switch 语句。如第 41～第 55 行为四分支选择。

循环结构是在给定条件成立时反复执行某程序段，直到条件不成立为止。给定的条件称为循环条件，反复执行的程序称为循环体。C 语言有 3 种循环语句，分别为 while、do-while 和 for 语句。其中 while 语句是本书中用得最多的循环语句，属于当型循环。即先进行条件判断，当条件成立时执行循环体，如本项目程序中第 28 行 while（−−n）、第 31 行 while（t>0）t−−；。

第 41 ~ 第 55 行：四分支选择。

当状态变量 status 值为 5 时，是空闲状态，直接跳出 switch 语句；若值不为 5，则与下一个 case 比较。若值为 0，是 5 min 工作模式，如果 5 min 定时到，则执行 status=5；RELAY=0；countTimer=0；sec=0；，状态值重置 5，回到空闲状态，继电器复位，循环计数和计时均清零。若值不为 0，则与下一个 case 比较。以下类同，直至与最后一个 case 比较结果为否时，就跳出 switch 语句。

 爱问小博士

> 上面已经说到 sec 计满 300、600、1 200 分别为 5 min、10 min、20 min，
> 为什么这里却设置了 299、597、1 195 呢？

delay（50）作为 20 ms 延时基准其实也是相对的，总是存在一定的误差，而且在调用延时函数时总会有调用语句等穿插其中，这样当循环次数大大增加时，误差就会累积到一定值影响延时精度，所以在实际使用时，还是需要对延时计数做适当调整，具体方法还是可以借助 MAPLAB SIM 中的 StopWatch 码表测得较准延时时间后确定 sec 值。

第 57 ~ 第 85 行：getKey() 函数功能实现代码，该函数功能获取按键信号，并修正状态值。

第 59 ~ 第 67 行：检测是否有"换挡"键按下，并采用延时去抖动。为保证计时准确，去抖动的延时函数也使用 delay（50），并计入总的计时时间。

第 63 行：等待用户松开按键，即按键弹起后方才执行换挡操作。等待时间也计入总的计时时间。

第 68 行：修正 status 的值。

第 69 行："换挡"键有效，切换下一状态。

 爱问小博士

> 这两行（第 68 行和第 69 行）语句的意义不太清楚，
> 还有 if 语句表达式中"‖"是什么意思？

if 语句表达式中"‖"表示"或者"，即 status 值为 6 或者为 3 时，条件为真值，执行 if 后面的语句，再次修正 status 值，令其值为 0。

根据表 4—3 可知，status 可能值分别是 5、0、1、2，且要求"换挡"键能在 5 状态下切换到 0 状态，0 状态可直接切换到 1 状态，1 状态可直接切换到 2 状态，2 状态又可直接切换到 0 状态，实现循环切换。由于空闲状态时对应的 status 状态值是 5，当第一次按下"换挡"键时，经第 68 行 status++；修正后 status 的值为 6，第 69 行将 status 值从 6 修正为 0，实现空闲状态到工作状态 5 min 工作模式的切换。如果原来 status 的值不是 5，即不是空闲状态，则要么是 0，要么是 1 或者是 2。这时若再次按下"换挡"键后，第 69 行代码不会

对 status 做修正。例如，第一次"换挡"键有效后，status 值为 0，工作在 5 min 工作模式。若再次按下"换挡"键，经第 68 行修正后 status 值为 1，不满足 if 语句的条件，则不执行后面的状态值修正语句，而执行第 71 行语句，对前一状态的计数和计时清零。实现从 5 min 工作模式至 10 min 工作模式的切换。同理，从 10 min 工作模式到 20 min 工作模式切换时，经第 68 行修正后的 status 状态值也不满足 if 语句的条件，不执行第 69 行的修正。而当由 20 min 工作模式切换至 5 min 工作模式实现循环切换时，status 经第 68 行的修改变成 3，第 69 行代码将 status 值从 3 修正为 0，完成 20 min 工作模式切换至 5 min 工作模式的切换。

第 74 ~ 第 85 行：实现"停止"键功能。同样也是采用延时去抖动，确认"停止"键信号有效后，进入空闲模式。

第 86 ~ 第 99 行：outPut ( ) 函数功能实现代码，这里也用到了 switch 多分支选择语句，该函数根据状态 status 值输出相应的指示灯控制和负载控制信号。

第 100 ~ 第 111 行：timeCount ( ) 函数功能实现代码，该函数完成计时功能。

第 102 ~ 第 103 行：延时 20 ms 并计次数。

第 104 行：countTimer 每计满 25 次为 0.5 s，反转空闲指示灯状态值 lightS。只有空闲状态下（status=5），lightS 才会输出，实现指示灯闪烁。

第 106 ~ 第 110 行：计时模块。一次 20 ms，计满 50 次则为 1 s，sec 累加，结果作为第 39 ~ 第 56 行 checkStop ( ) 函数的判别依据。

第 112 ~ 第 128 行：主函数的函数体范围。

第 114 行：设置 OPTION（选项寄存器）的值为 0xdf。

 爱问小博士

什么叫选项寄存器？其作用是什么？设置值为 0xdf 的依据是什么？

由表 4—1 单片机引脚配置说明可知，差不多每只引脚都有第二甚至第三功能。其中 GP0、GP1 的第二功能及 GP3 的第三功能是在烧写芯片时有效，平时就作为普通 I/O 接口，GP4、GP5 的第二功能也只有在外接晶振、时钟或输出晶振时有效，一般采用内部时钟时也作为普通 I/O 接口，无须单独说明。只有 GP2 引脚比较特别，作为普通 I/O 接口时需要预先设置。PIC12F508 单片机有一个寄存器叫选项寄存器（OPTION），可用来对 GP2 进行设置。

选项寄存器（OPTION）也是一个 8 位寄存器（Bit0 ~ Bit7），其中第 5 位的设置决定 GP2 引脚是作为普通 I/O 或 T0CKI（Timer0 时钟输入），而且 OPTION（选项寄存器）设置的优先级高于 TRIS 寄存器。单片机复位后，OPTION（选项寄存器）的值默认全部为 1。本项目中，需要 GP2 作为普通 I/O 接口，输出控制 LED。所以要将 GP2 作为普通 I/O 接口使用，必须先设置 OPTION（选项寄存器）的第 5 位为 0，其他位不作修改直接按默认值为 1，所以该寄存器值为 11011111，即 0xdf，见表 4—4。

表 4—4   OPTION 选项寄存器

bit7	bit6	bit5	bit4	bit3	bit2	bit1	bit0
1	1	0	1	1	1	1	1

第 115 行：设置 TRIS 寄存器，令 GP0 和 GP3 为输入，GP1、GP2、GP4、GP5 为输出。

第 116 行：设置 GPIO，设置 6 只引脚的初始值。

第 117 行：短延时。单片机电路上电后，晶振频率从 0 开始振荡，慢慢达到标称频率，需要少量时间，主函数一开始短延时，等晶振起振稳定后再执行功能代码，保证定时的准确性。

第 119 行：设置初始状态为空闲状态。

第 123 ～ 第 126 行：每次循环先根据当前状态值 status 输出相应的控制信号，检测按键信号，并判断是否到计时时间，计时时间到则进入下一轮循环。

【活动六】干鞋器仿真验证

Proteus 软件不仅可以仿真单片机，还可以仿真常见的外围器件，如风扇、灯泡等。参考前述方法新建一个仿真工程，添加元件单片机 PIC12C508A、电阻 RES、指示灯 LED、继电器 RELAY、晶体管 NPN、风扇 FAN-DC、紫外线灯 LAMP。按参考电路原理图放置并连接器件。双击电阻，可以在弹出的元器件属性窗口修改阻值。双击 PIC12C508A，打开元器件编辑窗口，如图 4—11a 所示。在 "Program File"（程序路径）栏选择文件浏览小图标，找到刚刚编译生成的 Proj4.hex 文件；"Processor Clock Frequency"（工作频率）栏输入单片机运行的频率，默认是 4 MHz，如果希望更快速地看到仿真现象，可以适度将频率改高些，但频率不宜超过 40 MHz。"Program Configuration Word"（程序配置字）栏改为 0x0FE2，该值源于 MAPLAB 中的 "Configuration Bits"（程序配置位）设置，如图 4—11b 所示。设置完毕单击 "OK" 按钮关闭元器件编辑窗口。运行仿真程序，观看模拟动画。

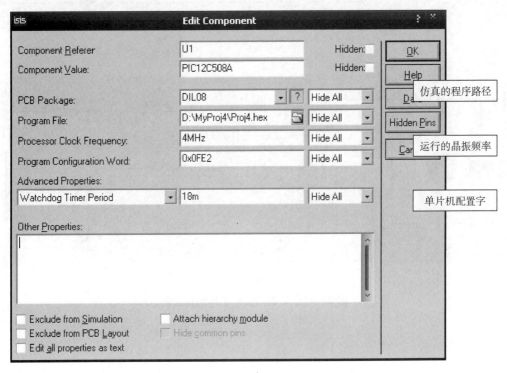

a）

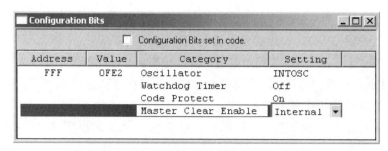

b)

图 4—11　程序配置字和程序配置位设置窗口

a）元器件编辑窗口　b）程序配置位窗口

采用 PROTEUS 软件进行仿真检测，仿真结果如图 4—12 所示。

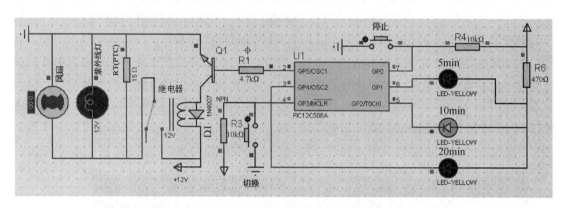

a)

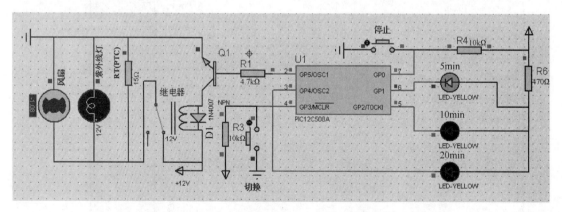

b)

图 4—12　干鞋器智能芯片仿真结果

a）空闲状态　b）5 min 挡工作状态

上述程序经仿真软件 Proteus 准确测试，现象直观，结果如下：

开始仿真，10 min 指示灯（中间）闪烁，继电器不吸合，风扇和紫外线灯不工作。

按下"切换"键，继电器常开吸合，10 min 指示灯灭，5 min 指示灯常亮，风扇运转，转速慢慢提高，灯泡点亮。按下"停止"键，紫外线灯、5 min 指示灯熄灭，风扇转速慢慢降低到 0，10 min 指示灯闪烁，处于待机状态。提示 5 min 工作模式能正常进入、退出。

再次按下"切换"键，5 min 指示灯常亮，其他指示灯灭，再按一下"切换"键，10 min 指示灯常亮，其他指示灯灭，风扇运转，转速慢慢提高，紫外线灯点亮。按下"停止"键，灯泡、10 min 指示灯熄灭，风扇转速慢慢降低到 0，10 min 指示灯闪烁，又回到待机状态。提示 5 min 工作模式到 10 min 工作模式切换正常，10 min 工作模式能正常进入、退出。

连续 3 次按下"切换"键，5 min 指示灯、10 min 指示灯依次亮、灭，最后 20 min 指示灯常亮，其他指示灯灭，干鞋器处于 20 min 工作模式，风扇运转，转速慢慢提高，紫外线灯点亮。按下"停止"键，灯泡、20 min 指示灯熄灭，风扇转速慢慢降低到 0，10 min 指示灯闪烁，又回到待机状态。提示 5 min 工作模式到 10 min 工作模式及 10 min 工作模式到 20 min 工作模式切换正常，20 min 工作模式能正常进入、退出。

按下"切换"键，继电器常开吸合，10 min 指示灯灭，5 min 指示灯常亮，风扇运转，转速慢慢提高，紫外线灯点亮。5 min 定时时间到，5 min 指示灯灭，干鞋器自动停止工作，10 min 指示灯闪烁，返回待机状态。提示 5 min 工作模式正常，且模式切换循环正常。

按同样方法，继续仿真 10 min、20 min 工作模式，提示完全正常。

仿真结果与设计要求相符，仿真结束。

【活动七】干鞋器智能芯片程序烧写

一般情况下，程序仿真测试正确后，再次检查，用 ICD 2 连接计算机和芯片烧写器，单击工具栏上"Program Target Device"（对目标设备编程）按钮烧写程序。

重复单击烧写按钮，多烧几片作为样品交生产车间试用。一般样品提交 10 片左右，由生产车间实际安装，并进行相关功能测试。若符合要求，则芯片开发工作完成，可大批量烧录。若不符合要求，需协同车间对程序进行调试、仿真、测试，更改程序或电路板，直到符合要求为止。

【活动八】干鞋器智能芯片实物验证

如果条件允许，芯片烧写完成后也可以直接装在实际的电路板上进行验证。如图 4—13 所示为干鞋器的 PCB 实物（厂方提供），按电路原理图进行安装，将上述烧写完成的芯片插上，验证工作情况。按原产品要求重新操作一次，检验是否与原产品要求一致。

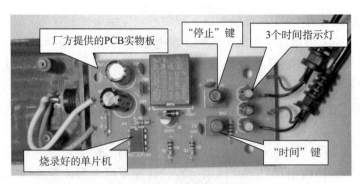

图 4—13 干鞋器 PCB 实物

 思考

1. 如果要将 PTC 发热片、送风风扇和紫外线灯 3 个负载分别由 3 个继电器驱动,那么这个单片机是否满足要求? 如果不行,那应该怎么选择?

2. 按照问题 1 的要求又如何修改程序?

3. 按下"时间"键后本机的 3 个时间是重新开始计时的,若要求当按下"时间"键后进入的时间模式比前一个时间长则顺延计时,比前一个时间短则重新计时,如何修改程序来实现?

四、项目评价

干鞋器智能芯片开发项目评价见表 4—5。

表 4—5 干鞋器智能芯片开发项目评价

项目内容	配分	评分标准		扣分
项目认知	20	(1)不能按产品说明书正确操作	扣 5 分	
		(2)不能按控制要求正确描述产品功能	扣 5~15 分	
项目实施	70	(1)不能提供两种以上的芯片选择方案	扣 5 分	
		(2)不能根据提示编制程序流程框图或程序	扣 5~10 分	
		(3)不能阅读程序及调试程序	扣 5~10 分	
		(4)不能理解数据类型及程序控制等 C 语言相关知识	扣 5~10 分	
		(5)程序流程框图不全或程序功能实现不全	扣 5~10 分	
		(6)不能实现仿真及解释仿真结果	扣 5 分	
		(7)不能使用 ICD 2 烧录器烧写芯片	扣 5 分	
		(8)不能使用 MAPLAB 实现快速仿真	扣 5 分	
		(9)不能完成思考题	1 个扣 2 分	
安全文明生产	10	违反安全生产规程	扣 10 分	
得分				

项目五

按摩器智能芯片开发

一、目标要求

1. 能分析按摩器功能，分析输入、输出方式，确定输入、输出点数。

2. 能根据客户对智能按摩器的功能需要进行芯片选择，并做出成本预算。

3. 能熟练运用开发平台和仿真平台，并能运用虚拟示波器。

4. 能进行简单外围电路分析。

5. 能理解 C 语言及软件实现 PWM（Pulse Width Modulation，脉冲宽度调制）调速技术等相关知识。

6. 能阅读程序流程框图和程序。

7. 能按照提示完成干鞋器智能芯片程序编制和调试仿真，并能解释仿真结果。

二、项目准备

为确保本项目顺利完成，除前面用到的软、硬件外，还需准备某型号按摩器成品一个，如图 5—1 所示。单片机型号选用 CF745。

图 5—1　某型号按摩器

三、项目认知与实施

【活动一】按摩器体验

按摩是中国传统医学外治疗法的一种，通过各种手法将外界力量作用于体表的特定部位，使其被动运动，以调节机体的生理、病理状况，达到治疗效果和保健强身的目的。按摩器是根据物理学、仿生学、生物电学、中医学以及多年临床实践而研制开发出的新一代保健器材。用若干个独立软触按摩头，可放松肌肉、舒缓神经、促进血液循环、加强细胞新陈代谢、增强皮肤弹性，可缓解疲劳、明显减轻各种慢性疼痛、急性疼痛和肌肉酸痛，放松身体，减轻压力，减少皮肤皱纹。现代人生活节奏的加快和生活方式的改变，人们主动参加运动的机会越来越少，再加上工作内容的专业化程度不断提高，人们固定一种姿势的时间越来越多，这就导致很多人身体会有这样或者那样的不舒服。如果适当按摩增加血液循环能适当减轻各种不舒服的症状。一般人工按摩都有固定的营业场所，而且每次按摩也要有所花费，因此，各种各样的按摩器适时推出。

 爱问小博士

按摩真的有用吗?

按照中医理论，特别是经络理论，强调人体体表通过经络、穴位与内脏之间存在着有机的内在联系。内脏有病可以通过经络反映到体表，对体表经络、穴位进行推拿刺激，能疏通经络，灵活关节，促进气血运行，还可以通过经络将疾病的"信息"传达给有病的脏腑，增强脏腑功能，增强人体抗病能力，从而发挥保健作用。

而从现在医学的解剖知识出发，刺激人体皮肤、肌肉、关节神经、血管以及淋巴等处，促进局部的血液循环，改善新陈代谢，从而促进机体的自然抗病能力，促进炎症渗出的吸收，缓解肌肉的痉挛和疼痛。

经过几千年的医疗实践，按摩对软组织发生的损伤性炎症、粘连、痉挛、增生、变性、纤维化、血管神经受压等许多病症具有极好的疗效，不失为软组织损伤康复的重要手段。

因此，按摩的作用主要体现在系统功能的改变、生物信息的调整和纠正解剖位置的异常等方面。它是某些疾患的主要治疗手段或辅助措施，运用甚为广泛。

近年来，国际市场也对中国按摩器具产品保持着强劲的需求态势，而国内制造水平的提高，也为中国按摩器具制造提供了保障基础，使中国成为世界按摩器具制造中心。普通按摩器通过机械开关选择挡位，一般有两挡强度可选择。带有智能芯片的按摩器可以逐步调整按摩力度，变换不同的按摩节奏。如果用户使用时睡着了或忘记关闭，智能芯片还能定时关闭按摩器，节能并延长产品使用寿命。市面上按摩器品种五花八门，价格上也相差许多，如图5—2所示为几款常见的按摩器。

a) b) c)

图 5—2 常见的按摩器

a）眼部按摩器 b）肩部按摩器 c）脚部按摩器

按摩器是利用电力使按摩头振动，对人体施行按摩的保健电器。电动按摩器按振动方式分为电磁式和电动机式两种；按用途分为健美用、运动用和医疗用 3 种。

这里以某型号家用海豚形智能按摩器为例进行开发，如图 5—3 所示。该按摩器的按摩头使用直流电动机驱动，控制器面板有 4 个轻触按键，分别为"自动""加速""减速"和"开关"。认真阅读操作说明书，按操作说明书进行以下操作，思考并回答以下几个问题：

1. 该按摩器控制面板上有 4 个按键，但每个按键上都标有好几个功能，你认为可以怎样实现？按照你的方案单片机需要有几个输入口？

2. 根据你的体验和观察，你认为该控制按摩仪的单片机需要几个输出口？

3. 体验不同的按摩功能，你认为可以怎样实现不同的按摩力度？

  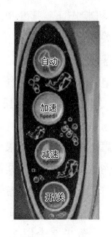

图 5—3 单片机控制方案的按摩器

接上电源后，蜂鸣器响一声，提示当前电源接通，但还处于关机状态，此时按下"开关"键开机，蜂鸣器响一声提示按键动作，按摩器开机并以第 2 挡力度开始按摩，且计时开始。此时，按"加速"键，增加按摩力度，按"减速"键，降低按摩力度，总共有 4 挡力度供选择。按"自动"键，切换按摩节奏，节奏有 4 种：持续按摩、1 s 按摩 1 s 停止、

0.5 s 按摩 0.5 s 停止、0.25 s 按摩 0.25 s 停止。每按一次"自动"键便依次循环切换到下一个节奏。每按一次按键蜂鸣器便响一声提示按键动作。每一个按摩方式选择后计时时间均为 15 min，时间到或按"关机"键则停止工作。

【活动二】按摩器智能芯片选择

1. 按摩器功能分析

根据按摩器产品说明及活动一的操作体验，分析按摩器功能。具体如下：

（1）开机。接上电源后，蜂鸣器响一声，提示当前电源接通，无指示灯。此时只表示已上电但未开机。按下"开关"键（此时仅"开关"键可以按），蜂鸣器响一声提示按键动作（下同），按摩器开始工作并默认以第 2 挡力度、持续节奏开始工作，同时计时开始。这里，一个输入即"开关"键，一个输出驱动电动机，另一个考虑蜂鸣器作为按键动作响应，所以也需要一个独立的输出驱动蜂鸣器。

（2）工作过程

1）开机状态下，按"加速"键，增加按摩力度，若已是最高力度挡则不改变按摩力度。按"减速"键，降低按摩力度，若已是最低力度挡则不改变按摩力度。这里，"加速"键、"减速"键二个输入力度的改变依靠电动机转速的调节实现，无须增加其他输入。

2）开机状态下，按下"自动"键，按摩器进入按摩节奏切换状态。节奏分为：持续按摩、1 s 按摩 1 s 停止、0.5 s 按摩 0.5 s 停止、0.25 s 按摩 0.25 s 停止，4 种节奏循环切换。这里，"自动"键一个输入，节奏的改变可用定时输出高电平驱动电动机、输出低电平让电动机停止来实现，无须增加其他输入。

3）开机状态下，随时可按下任何一个按键，且计时不改变。

（3）关机。开机状态下，按"开关"键，进入空闲状态或工作状态计时到 15 min，进入空闲状态。

考虑电动机对工作电压有一定要求，需要设置一个电动机电压检测信号，以便电压过低时直接关机以防电动机长时间低压运转影响使用寿命。这样，该按摩器总共需要 5 个输入和 2 个输出。

2. 按摩器智能芯片要求分析

（1）输入和输出。根据按摩器功能要求，按摩器控制器需 5 个输入、2 个输出，共需要 7 个 I/O 接口。输入为 4 个按键和一个电动机电压检测信号，输出为一个控制电动机，另一个控制蜂鸣器。从 I/O 接口数量上看，前述所用的 PIC12F508 单片机不能符合要求。应选择 I/O 接口数量至少 7 个以上的单片机。这里建议选用 18 只引脚的 Microchip 16F54 单片机。它拥有 12 个通用 I/O 接口，I/O 接口驱动能力强，能满足按摩器控制需求。

（2）驱动能力。从输出驱动要求看，输出接口驱动对象分别为 1 个电动机和 1 个蜂鸣器。而且电动机不仅要求运转而且还有速度调节，所以不能直接驱动。需采用调速方案控制电动机的工作速度。另一个输出驱动有源蜂鸣器。蜂鸣器鸣叫需要 30 mA 左右电流，该芯片输出的最大电流与 PIC12F508 相同，约 20 mA，单片机无法直接驱动，可通过晶体管放大再驱动蜂鸣器。

（3）性价比。现在市场上单片机种类较多，品牌各异。选择时要多查询，尽可能选择性价比高的芯片，以降低生产成本，提高市场竞争力。Microchip 的另一款超高性价比的单片机 CF745 非常具有竞争优势。CF745 单片机是 Microchip 公司为与日本、韩国单片机厂商竞争，专为中国长江三角洲及珠江三角洲一带家电市场设计制造的芯片，在性能上和 PIC16C54C、PIC12F54 相当，而且管脚与 PIC16F54 完全兼容。批量采购成本约 2 元人民币。CF745 单片机兼顾了成本和开发便利，是家电行业应用较广泛的单片机之一。

综合考虑产品的成本和电路，开发时选用 PIC16F54 单片机，实际产品采用 CF745 单片机。由 PIC16F54 单片机产品开发成功后，不用更改代码就可直接移植到 CF745 单片机。

3. 选择按摩器智能芯片

根据对按摩器功能的分析和对智能芯片的要求分析，建议开发时选择 PIC16F54 芯片。它是一种 18 只引脚、12 个通用 I/O 接口且 I/O 接口驱动能力强的闪存单片机，512 字节 ROM 和 25 字节 RAM 及一个 8 位内部定时器，其外形和引脚如图 5—4 所示。其引脚功能说明见表 5—1。实际生产时可用 CF745 替代 PIC16F54。

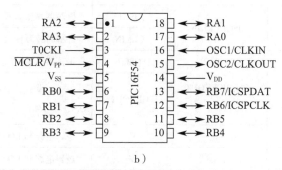

a）   b）

图 5—4　PIC16F54 外形及引脚排列

a）外形　b）引脚排列

表 5—1　　　　　　　　　　　　　　PIC16F54 引脚功能描述

引脚序号	管脚名称	功能	描述
17	RA0	RA0	双向 I/O 引脚
18	RA1	RA1	双向 I/O 引脚
1	RA2	RA2	双向 I/O 引脚

引脚序号	管脚名称	功能	描述
2	RA3	RA3	双向 I/O 引脚
6	RB0	RB0	双向 I/O 引脚
7	RB1	RB1	双向 I/O 引脚
8	RB2	RB2	双向 I/O 引脚
9	RB3	RB3	双向 I/O 引脚
10	RB4	RB4	双向 I/O 引脚
11	RB5	RB5	双向 I/O 引脚
12	RB6/ICSPCLK	RB6	双向 I/O 引脚
		ICSPCLK	串行编程烧写时钟信号
13	RB7/ICSPDAT	RB7	双向 I/O 引脚
		ICSPDAT	串行编程烧写数据通信
3	T0CKI	T0CKI	Timer0 时钟输入。不使用时必须连到 V_{SS} 或 V_{DD}，可以降低电流消耗
4	$\overline{MCLR}/V_{PP}$	$\overline{MCLR}$	低电平有效器件复位。$\overline{MCLR}/V_{PP}$ 引脚上的电压不能超过 V_{DD}，以避免意外进入编程模式
		V_{PP}	编程电压输入
16	OSC1/CLKIN	OSC1	振荡器晶振输入
		CLKIN	外部时钟源输入
15	OSC2/CLKOUT	OSC2	振荡器晶振输出。在晶振模式连接到晶体振荡器或谐振器
		CLKOUT	在 RC 模式下，OSC2 引脚可以输出 CLKOUT，其频率为 OSC1 的 1/4
14	V_{DD}	V_{DD}	逻辑电路和 I/O 引脚的正向电源
5	V_{SS}	V_{SS}	逻辑电路和 I/O 引脚的接地参考点

从表 5—1 中可以看出，PIC16F54 共有 10 个完全双向的普通 I/O 接口，12、13 引脚在非烧写模式下也是普通 I/O 接口，其他几只引脚与 PIC12F508 芯片引脚类似。

【活动三】按摩器智能芯片引脚分配及外围电路分析

尽管采用单片机方案，但由于按摩器功能较多，而且还带有电动机调速控制，相对而言，按摩器的控制电路比前几个项目的外围电路要复杂，如图 5—5 所示为按摩器电路原理图。可以将电路分为 7 个部分。具体输入和输出信号、引脚分配及作用意义见表 5—2。

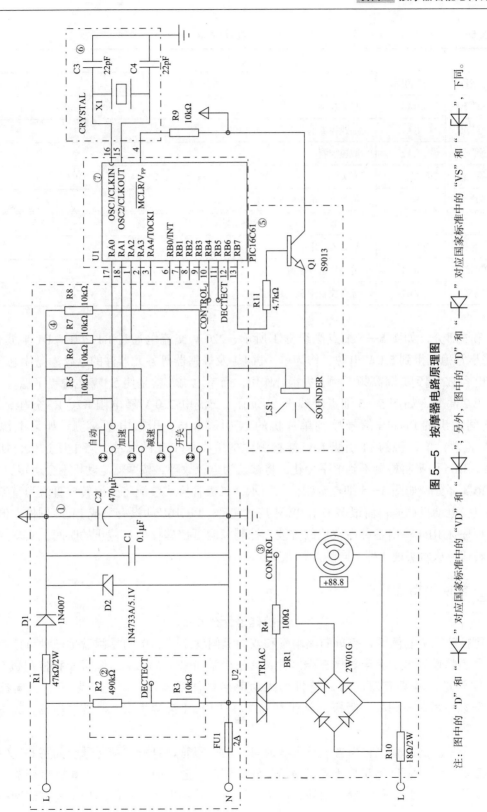

图 5—5 按摩器电路原理图

注：图中的"D"和"◁┤"对应国家标准中的"VD"和"◁┤"；另外，图中的"D"和"◁┤"对应国家标准中的"VS"和"◁┤"，下同。

表 5—2　　　　　　　　　　　　　输入和输出信号表

输入信号		
信号名称	分配引脚	意义或作用
"自动"键	RA0	自动控制
"加速"键	RA1	加速控制
"减速"键	RA2	减速控制
"开关"键	RA3	开关
低压检测	RB5	接收电源电压检测信号
输出信号		
信号名称	分配引脚	意义或作用
电动机控制	RB4	电动机运行控制
蜂鸣器	RB7	配合控制流程发出蜂鸣声音

第 1 部分，如图 5—5 细点画线框①所示，220 V 交流电通过 R1 分压，D1 半波整流，D2 稳压管稳压得到 5.1 V 电源，作为单片机 U1 及蜂鸣器等各元器件的电源，瓷片电容 C1、电解电容 C2 起到滤除高频干扰、去耦合作用，简单地说，就是使 5.1 V 电源更平稳。

第 2 部分，如图 5—5 细点画线框②所示，交流电 220 V 经电阻 R2、R3 分压，R2 与 R3 之间输出的 Dectect 信号接到单片机的 11 引脚 RB5，用于电源检测。如果电源电压 220 V 正常，单片机的 11 引脚 RB5 能检测到电平高低变化的脉冲；若电压过低，如低于 140 V，RB5 引脚将检测不到电平变化，将被认为电源故障，按摩器电动机不会运转。

第 3 部分，如图 5—5 细点画线框③所示，二极管桥式整流将交流转成直流为直流电动机供电。电动机调速目前很多采用 PWM 技术实现。PIC16F54 没有集成 PWM 硬件，但可以通过程序让 RB4 输出各种占空比的方波，控制双向可控硅导通与截止的时间，实现控制电动机转速，从而实现 4 种不同的按摩力度。

爱问小博士

可控硅是什么？

可控硅又称晶闸管，有单向晶闸管和双向晶闸管之分。单向晶闸管是一种可控的具有单向导通特性的大功率半导体三端器件，其三个端分别为阳极 A、阴极 K 和控制极 G。双向晶闸管是一种具有双向导通特性的大功率半导体三端器件，由于其正、反向都能导通，所以不再区分阳极、阴极，分别为 T1 极、T2 极（又称主极）和控制极 G。其符号如图 5—6 所示。

对于单向晶闸管，它相当于一个导通可控的二极管，只能正向导通。如图 5—7 所示，开关 S 断开时，LED 指示灯不亮，表示晶闸管没有导通。而当 S 接通时，LED 灯亮，表示晶闸管导通。此时，若测量控制回路的电流和主回路的电流，主回路电流是控制回路电流的几百倍，显示晶闸管以弱控强的能力非常强。更有趣的是，再一次断开开关 S，LED 灯仍亮，表示晶闸管仍处于导通状态。这说明，晶闸管一旦导通，控制极 G 就失去了控制作用。而要使晶闸管重新关断，必须将 A 极的电位降低到一定程度才能实现。

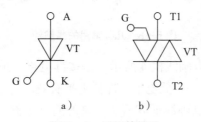

图 5—6　晶闸管符号

a）单向　b）双向

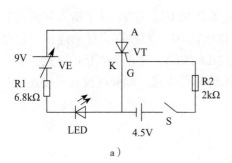

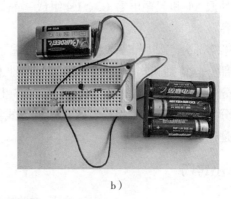

a）　　　　　　　　　　　　　　　　　　b）

图 5—7　单向晶闸管工作原理和搭接实物

a）电路图　b）搭接实物图

双向晶闸管的工作特性与单向晶闸管的工作特性相似，所不同的只是双向晶闸管对工作电压和控制电压均没有正负之分，可以是交流电压。

无论是单向晶闸管还是双向晶闸管，它们的共同特点是都能以弱控强，能以毫安级电流控制大功率的机电设备，从这点看它与继电器以小功率控制大功率的功能是一样的。晶闸管还有很多优点，如功率放大倍数高达几十万倍，反应极快，在微秒级内开通、关断，无触点运行、无火花、无噪声；效率高、成本低等，这些优点是继电器无法匹敌的。晶闸管多用来作可控整流、逆变、变频、调压、无触点开关等。目前，在实现将直流电变成交流电的逆变及将一种频率的交流电变成另一种频率的交流电的变频等电路中，也是不可缺少的电子器件。家用电器中的调光灯、调速风扇、空调机、电视机、电冰箱、洗衣机、照相机、组合音响、声光电路、定时控制器、玩具装置、无线电遥控、摄像机及工业控制等都大量使用了可控硅器件。它的出现使半导体技术从弱电领域进入了强电领域，成为工业、农业、交通运输、军事科研以至商业、民用电器等方面争相采用的器件。如图 5—8 所示为几种常用的晶闸管。

图 5—8　几种常用的晶闸管

第 4 部分，如图 5—5 细点画线框④所示，是按键电路，采用下拉式处理。即当按键按下时，对应单片机引脚下拉电平至低电平，即低电平有效。

第 5 部分，如图 5—5 细点画线框⑤所示，是蜂鸣器电路，由单片机的 13 引脚 RB7 输出信号经 Q1 放大后驱动。

第 6 部分，如图 5—5 细点画线框⑥所示，是外接晶振电路。单片机控制电路的时钟脉冲由晶振 X1 和起振电容 C3、C4 组成，晶振一般选择 4 MHz，C3、C4 可选 22～30 pF 的瓷片电容。

第 7 部分，如图 5—5 细点画线框⑦所示，是单片机 U1，按表 5—1 输入和输出分配连接各部分。特别指出的是，10 引脚 RB4 上标有 CONTROL，而没有直接的连接。它是与第三部分中的 CONTROL 相连。11 引脚 RB5 上标有 DECTECT，也没有直接的连接，它是与第二部分中的 DECTECT 相连。这种连接方式称为网络标号连接，即画线没有直接连接，但逻辑上是连接的。

 小窍门

成为电路阅读高手

因为单片机能实现的控制功能很多，外围电路也会变得越来越复杂。如果不能正确阅读电路，很多功能分析将是纸上谈兵。怎样才能从复杂的电路图中理出头绪，成为电路阅读高手呢？分功能模块阅读不失为一个好方法。

单片机电路模块基本上可以按电源模块、晶振模块、输入模块、输出模块及输入输出驱动模块来切分，有的电路可能还有显示电路、输入输出隔离电路和模数（A/D）、数模（D/A）转换电路。每个功能模块相对比较独立，只要把每个模块电路分析清楚，总电路的功能分析就比较容易理解了。

另外，为了使电路画面更加简洁明了，电路中省略了一些接线，或用一些符号标记，或用对应的字符标记，如 ⏚、DECTECT 等。这种方法称为网络标号，当电路比较复杂时采用这种方法显得思路明确。

【活动四】按摩器智能控制程序流程框图编制

按功能要求画出程序流程框图，参考程序流程框图如图 5—9 所示。按摩器的状态有两种：空闲状态和工作状态。按摩器通电后，蜂鸣器响 0.25 s，提示电源已接通，进入空闲状态等待开始按键。检测到有效的开始信号，则以默认的 2 挡、持续节奏进入工作状态，并开始计时。如果电压正常，则按设定的 2 挡力度、持续节奏控制电动机工作。工作状态下，

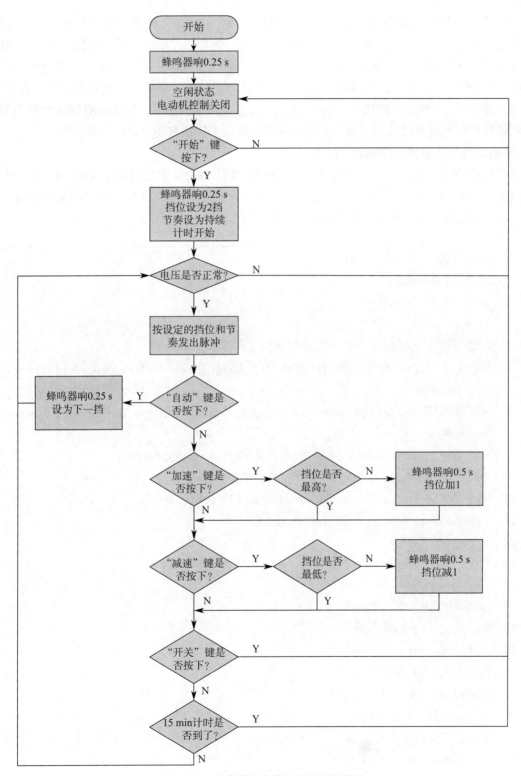

图 5—9 按摩器智能控制程序流程框图

有较多的按键检测，依次是"自动"键、"加速"键、"减速"键和"开关"键。每次按键操作后，均有一个蜂鸣器"嘀"一声响应。"自动"键有效，则设为下一挡的节奏。"加速"键按下后，先判别当前是不是最高力度挡位，如果不是则加快一挡，否则不改变速度挡位。同样，"减速"键按下后，先判别当前是不是最低力度挡位，如果不是则减慢一挡，否则不改变速度挡位。"开关"键按下，切换到待机状态。工作状态下，如果没有按键中断信号，则判断计时时间是否已满 15 min，决定是继续停留在工作状态还是返回空闲状态。

【活动五】按摩器程序编制、调试

按程序流程框图，在软件开发平台 MAPLAB IDE V8.20a 中进行程序编制并调试，程序编写采用 C 语言。参照项目一的方法新建一个工程 Proj5，建议保存到 D：\myprojs\Proj5 目录下。结合绘制的流程图与电路原理图，代码如下：

```
1   /* 按摩器 PIC16F54 5I 2O
2   2017-11-10 创建
3   2017-11-18 测试成功
4   晶振 4 MHz
5   按键下拉高电平触发，输出低电平负载工作。2018-04-19
6   HI-TECH C PRO for the PIC10/12/16 MCU family (Lite) V9.65 PL5 Copyright (C) 1984-
    2009 HI-TECH
7   SOFTWARE (1273) Omniscient Code Generation not available in Lite mode (warning)
    Memory
8   Summary: Program space used 147h (327) of 200h words (63.9%) Data
9   space used Dh (13) of 19h bytes (52.0%) EEPROM space
10  None available Configuration bits used 0h (0) of 1h word (0.0%) ID
11  Location space used 0h (0) of 4h bytes (0.0%)
12  */
13
14  #include <pic.h>
15  #define Key0 RA0 // 自动
16  #define Key1 RA1 // 加速
17  #define Key2 RA2 // 减速
18  #define Key3 RA3 // 开关
19  #define DY RB5  // 电压检测
20  #define DJ RB4  // 电动机
21  #define FM RB7  // 蜂鸣器
22  unsigned int sec; // 计秒数
23  unsigned char count, ms5;
```

```
24   unsigned char status，dangwei，tt;
25   bit KeyEn，OnOff;
26
27   void delay (unsigned char n)
28   {
29           while (−−n)
30           {
31                                   unsigned char t=250;
32                                   while (t>0) t−−;
33           }
34   }
35   void beep ( )
36   {
37               FM=1;
38               delay (50);
39               FM=0;
40   }
41
42   void keyAuto ( ) //"自动"键检测及状态设置
43   {
44               if (Key0==0)
45               {
46                                   delay (1);
47                                   if (Key0==0)
48                                   {
49                                           KeyEn==0 ; //禁止其他按键
50                                           beep ( );
51                                           status++;
52                                           //下一节奏，0: 停止，1: 持续，2: 运行 1 s
                                            停 1 s，3: 运行 0.5 s 停 0.5 s
53                                           if (status==4) status=1;
54                                   }
55               }
56   }
```

```
57  void keyJia ( ) //"加速"键检测及状态设置
58  {
59              if (Key1==0)
60              {
61                  delay (1);
62                  if (Key1==0)
63                  {
64                          KeyEn==0 ; //禁止其他按键
65                          if (dangwei<4)//4 最高挡力度
66                          {
67                                  dangwei++;
68                                  beep ( );
69                          }
70                  }
71              }
72  }
73  void keyJian ( ) //"减速"键检测及状态设置
74  {
75          if (Key2==0)
76          {
77                  delay (1);
78                  if (Key2==0)
79                  {
80                          KeyEn==0 ; //禁止其他按键
81                          if (dangwei>1)//1 最低挡力度
82                          {
83                                  dangwei--;
84                                  beep( );
85                          }
86                  }
87              }
88  }
89  void keyOnOff ( )//"开关"键检测及状态设置
90  {
```

```
91          if (Key3==0)
92          {
93                  delay (1);
94                  if (Key3==0)
95                  {
96                          KeyEn==0 ; // 禁止其他按键
97                          beep( );
98                          if (status==0)
99                          {// 从停止切换到允许
100                                 status=1;//
101                                 dangwei=3;
102                                 sec=0;
103                                 count=0 ; // 计时清零
104                         }
105                         else
106                         {
107                                 status=0 ; // 从运行切换到空闲
108                                 DJ=0 ; // 停止电动机
109                         }
110                 }
111         }
112 }
113 void keyScan ( )
114 {
115     if (Key0==1&&Key1==1&&Key2==1&&Key3==1) KeyEn=1;
116     // 当前没有按键正按着,就允许按键
117 }
118 void delayPWM ( ) // 根据不同挡位输出不同占空比方波
119 {
120     tt++;
121     if ((dangwei+1) ==tt) DJ=0;
122     if (tt==8)
123     {
124             tt=0;
```

```
125              if (dangwei!=0) DJ=1;
126          }
127  }
128  void outPut ( ) // 根据状态输出对应的控制信号
129  {
130          switch (status)
131          {
132                  case 0: OnOff=0;//
133                          break;
134                  case 1: OnOff=1;// 一直开着
135                          break;
136                  case 2: if ((sec&0x01) ==0) OnOff=1; else OnOff=0; //1 s 开关
137                          break;
138                  case 3: if (ms5==100||ms5==0) OnOff=!OnOff;//0.5 开关
139                          break;
140          }
141          RB2=OnOff;
142          if (OnOff==1) delayPWM ( );
143  }
144  void getKey( )// 根据按键信号，设置各状态
145  {
146          keyScan( ); // 检查是否有其他键按着不放
147          if (KeyEn==1) keyJia( );
148          if (KeyEn==1) keyJian( );
149          if (KeyEn==1) keyAuto( );
150          if (KeyEn==1) keyOnOff( );
151  }
152  void timeCount ( )
153  {
154          count++;
155          if (count==61) //5 ms
156          {
157                  ms5++;
158                  count=0;
```

```
159            if (ms5==200) //1 s
160            {
161                    ms5=0;
162                    sec++;
163                    if (sec==900) status=0;//15 min 关闭
164            }
165        }
166 }
167 void main ( )
168 {
169        delay (20); // 等待晶振起振稳定
170
171        TRISA=0x0f; // 设置 RA 接口全部作为输入
172        TRISB=0x20; // 设置 RB 接口中 RB5 作为输入，其余输出
173
174        PORTA=0xff ; //RA 接口初始值设置
175        PORTB=0x00 ; //RB 接口初始值设置
176        while (1)
177        {
178                getKey( );
179                if (DY==0) continue; // 电压过低则不运转电动机
180                outPut( ); // 根据状态输出对应的控制信号
181                timeCount( ); // 工作计时
182        }
183 }
```

【代码说明】

第 1 ~ 第 12 行：工程注释，简要写明工程要求、创建日期、修改记录、作者等信息。

第 15 ~ 第 21 行：预定义单片机 I/O 接口，后续的开发如果需要变更接口，只需在这里做一次修改即可。

第 22 ~ 第 25 行：定义程序中需要的变量。sec 为计时秒数，15 min 为 900 s，故定义为 unsigned int。count、ms5 为计时中间变量，均未超过 255，故使用 unsigned char 类型。status 为记录节奏的变量，dangwei 为记录按摩力度挡位变量，tt 为调速时用到的计数变量。KeyEn 是按键允许，OnOff 开机状态变量，均为位 bit 数据类型。bit 数据类型是单片机 C 语言里特有的，bit 数据类型只有两种取值：0 或 1，与逻辑类型相对应。

第 27 ~ 第 34 行：延时功能函数 delay 的实现。本按摩器项目采用外接晶振，频率为 4 MHz，本项目中 delay 函数没有用于计时，故时间精度没有要求。

第 35 ~ 第 40 行：蜂鸣器发出声音 beep 函数。本项目中蜂鸣器采用有源蜂鸣器，因此，根据电路原理图，只需输出一个高电平，令晶体管导通就可以发出声音。晶体管导通延时一段时间后，再输出低电平使晶体管截止，停止发出声音。整个效果就是短促的一声"嘀"。修改第 38 行的延时参数可以调整声音的长短。

第 42 ~ 第 56 行："自动"键的检测和节奏调整的功能实现。检测到"自动"键有效后，将 KeyEn 设为 0，在当前按键松开前，禁止进入其他按键函数代码。调用蜂鸣器发出声音，然后节奏状态 status 设置为下一个节奏，4 种节奏循环切换。

第 57 ~ 第 72 行："加速"键的检测和按摩力度调整的功能实现。按键延时去抖动，检测到"加"按键有效后，将 KeyEn 设为 0，在当前按键松开前，禁止进入其他按键函数代码。先判断当前是否为最高挡位，如果是，则不执行任何功能；否则设置挡位状态 dangwei 为下一个力度挡位，然后调用蜂鸣器发出声音。

第 73 ~ 第 88 行："减速"键的检测和按摩力度调整的功能实现。代码与"加速"键的思路一样。

第 89 ~ 第 112 行："开关"键的检测和开关功能实现。按键去抖动后，先判断当前节奏变量 status，如果为 0，即当前是空闲状态，则切换到工作状态，并设置默认的连续节奏、第 2 挡按摩力度。

第 113 ~ 第 117 行：按键允许控制代码。前面 4 个按键中任何一个按键按下，KeyEn 都会被置 0。这段代码只有 4 个按键都松开状态下，if 的条件成立，才对按键允许变量 KeyEn 置 1。KeyEn 决定后续的按键检测函数能否执行。

第 118 ~ 第 127 行：根据不同的按摩力度挡位，模拟 PWM 输出不同占空比的方波。由按摩器电路原理图得知，控制电动机的 RB4 引脚只有输出高电平时，电动机才能得到电流运转；当 RB4 引脚输出低电平时，电源截止，电动机依靠惯性运转慢慢降低速度。调整输出高电平与低电平的持续时间就可以调整电动机的功率，体现出来也就是电动机的转速。

 爱问小博士

模拟 PWM 输出不同占空比的方波是什么意思？

一个周期内，高电平持续时间与高、低电平持续时间总和的比值称为占空比（Duty Ratio）。占空比原来是电信领域的一个术语，指在一串理想的脉冲周期序列中（如方波），正脉冲的持续时间与脉冲总周期的比值。例如，脉冲宽度 1 μs、信号周期 2 μs 的脉冲序列占空比为 0.5，如图 5—10 所示。后引申为在周期型的现象中，某种现象发生后持续的时间与总时间的比。例如，俗语说"三天打鱼，两天晒网"，如果以 5 天为一个周期，"打鱼"的占空比则为 0.6。

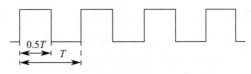

图5—10 占空比为0.5的脉冲信号

准确地说，PWM就是电控脉宽调制技术，由于它是通过电子控制装置对加在工作执行元件上一定频率的电压信号进行脉冲宽度的调制，以实现对所控制的执行元件工作状态精确、连续的控制，所以又称为占空比控制。现代工业控制精度越来越高，特别是在电控系统中，以前所采用的一些普通的开关式的执行器件已经不能满足现代控制要求了，如汽车上的EGR（Exhaust Gas Recycle，废气再循环）系统、怠速控制系统、燃油蒸发控制系统等都采用了这种PWM技术。

本项目中，将占空比分为0～7级，共8级，按摩器的挡位力度共4挡，最低速挡处在第2级，占空比为50%，见表5—3。占空比越高，电动机转速就越快。实际产品设计可以增加占空比级数，在单片机允许的范围内，级数越多，可以调节的强度越细。许多按摩器宣称"无级调速"也是同样的思路。

表5—3 按摩器挡位力度与占空比的关系

占空比等级	占空比	按摩力度挡位
0	12.5%	无
1	25%	无
2	37.5%	1
3	50%	2
4	62.5%	3
5	75%	4
6	87.5%	无
7	100%	无

第128～第143行：outPut（）函数，实现按摩节奏的控制。根据status值输出对应的控制信号。当第141行判别OnOff的值为1时才发出PWM方波控制电动机运行，而status变量决定OnOff值的变换。status为0时是停止状态。status为1时，按摩器一直开着，故OnOff恒为1。status为2或3时是间歇运行，见表5—4。当status为2时，1 s停、1 s运行。本项目中根据记录的运行时间sec决定是否发出PWM方波。第136行代码使用了一个逻辑与运算实现偶数秒工作、奇数秒停止。将sec与十六进制数0x01相与，也就是sec和0x01的二进制对应的每个位相与，按照"与"运算规则，只有两个位都是1时，与运算的结果为1，否则结果为0。十六进制的0x01转换为二进制共有8位，是

00000001，可以看到高 7 位都是 0，所以 sec 也转换为 8。二进制后的高 7 位是什么都不重要，和 0 进行与运算结果都是 0。而 sec 的最低位如果是 1，那么与运算结果是 1；sec 的最低位是 0，那么与运算结果也是 0。二进制表示的数最低位有个规律，如果是偶数，二进制最低位一定是 0；反之，奇数的二进制最低位一定是 1。所以记录按摩器工作秒数的 sec 是逐秒递增的，和 0x01 与运算的结果是奇数秒让按摩器电动机开、偶数秒关，体现出按摩节奏。

表 5—4 status 与按摩器工作状态

status	OnOff 值	描述
0	0	空闲状态
1	1	持续工作（按摩）
2	每 1 s 反转 1 次	1 s 停、1 s 运行
3	每 0.5 s 反转 1 次	0.5 s 停、0.5 s 运行

status 为 3 时，体现按摩节奏的原理与上面类似，时间改由 ms5 判别。从第 155～第 162 行的时间调整代码可以看出：ms5 变量每 5 ms 递增，ms5 增至 100 为 500 ms，即 0.5 s；递增至 200 为 1 000 ms，此时 sec 加 1，ms5 归零。第 139 行代码判断当 ms5 为 0 或者为 100 时，切换开关状态，即实现按摩器 0.5 s 开、0.5 s 关的效果。

第 144～第 151 行：根据按键信号设置各状态。按键有"加速""减速""自动"和"开关"共 4 个。

第 152～第 166 行：计时函数。根据功能说明，为保护电动机和节能，按摩器工作 900 s，即 15 min 后关闭按摩器。

第 167～第 183 行：主函数范围。

第 169 行：短延时让晶振起振稳定。

第 171～第 172 行：设置 TRIS 寄存器。PIC16F54 比 PIC12F508 多一组 I/O 接口，由图 5—4 可知为 RA0～RA3、RB0～RB7 两组。对应的输入和输出寄存器也有 2 个，分别是 TRISA、TRISB。两组寄存器设置规则与 PIC12F508 相同，也是对应位写入 1 作为输入接口、写入 0 作为输出接口。应项目需求，设置 RA 接口全部为输入，RB 接口中的 RB5 为输入，RB4、RB7 为输出，其余不用的按默认值。具体见表 5—5、表 5—6。

表 5—5 TRISA 寄存器控制字

控制位	bit7	bit6	bit5	bit4	bit3	bit2	bit1	bit0
接口位					RA3	RA2	RA1	RA0
控制字	0	0	0	0	1	1	1	1

表 5—6 TRISB 寄存器控制字

控制位	bit7	bit6	bit5	bit4	bit3	bit2	bit1	bit0
接口位	RB7	RB6	RB5	RB4	RB3	RB2	RB1	RB0
控制字	0	0	1	0	0	0	0	0

第 174~第 175 行：各引脚的初始值设置。该操作与 PIC12F508 类似，名称对应变更为 PORTA、PORTB。

第 178~第 181 行：依次循环调用按键检测，输出函数及工作计时函数。

第 179 行：电源低压检测，为仿真便利，此处暂仅用一个低电平模拟电压过低。按摩器通电后一直在检测。电压过低时按摩器任何功能都不执行。

【活动六】按摩器仿真验证

Proteus 仿真软件里没有 PIC16F54 或 PIC16C54 的仿真功能。与之最接近的是 PIC16F84A。PIC16F54 的所有资源 PIC16F84A 都有且更多，而且引脚分布也相同，故本项目使用 PIC16F84A 代替 PIC16F54 进行仿真。

第一步，新建一个仿真工程，添加元器件单片机 PIC16F84A 及其他外围元器件。为了更好地观察电动机的调速情况，建议用虚拟示波器代替电动机，绘制 Proteus 仿真电路图如图 5—11 所示。

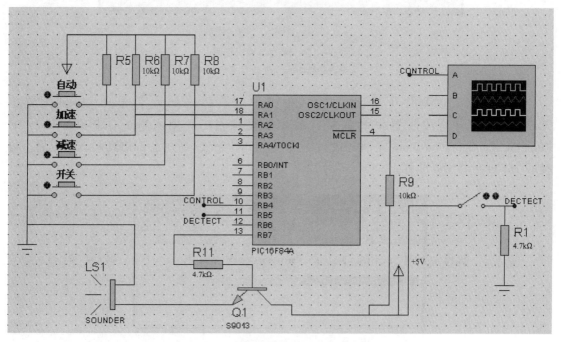

图 5—11 按摩器智能芯片仿真电路图

在 MAPLAB 中，修改项目的单片机为 PIC16F84A。打开 "Configure" 菜单，单击

"Select Device..."（选择设备，即单片机）菜单项，如图5—12a所示。打开设备选择窗口，第一栏"Device"中更改为"PIC16F84A"，如图5—12b所示，单击"OK"按钮关闭，重新编译代码，进行Proteus仿真测试。

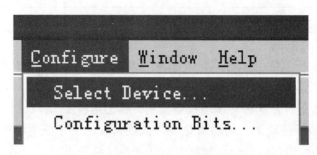

a）

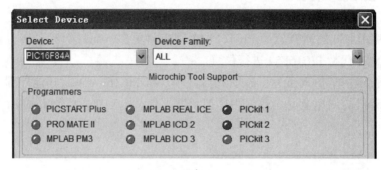

b）

图5—12 修改单片机型号

a）设备选择菜单 b）设备选择窗口

第二步，更改程序配置字。在MAPLAB中更改程序配置字选项，得到配置字"0x3FF9"，打开程序配置字设置窗口的方法见项目二。填入Proteus中单片机U1的"Program Configuration Word"（程序配置字）栏，如图5—13所示。待仿真调试通过后，再换回16F54重新编译即可。

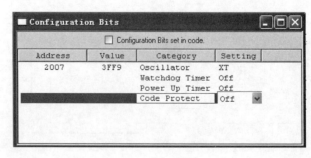

a）

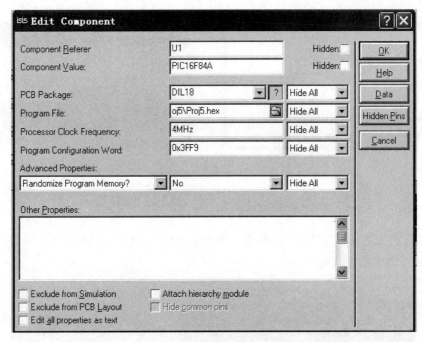

b）

图5—13 更改程序配置字

a）程序配置字设置选择窗口 b）程序配置字更改窗口

第三步，虚拟仪器仿真调试。Proteus软件虽然可以仿真很多常见的外围元器件，但市场产品百花齐放，不可能全部覆盖，产品编程开发时仿真库里缺少的外围元器件，可以通过其他手段模拟观察。如本项目中的低压检测功能，可以在RB5引脚接一个自锁开关switch和一个下拉电阻到电源地，自锁开关的另一端接5 V电压，如图5—11中右下角所示。当自锁开关switch闭合时，RB5为高电平，模拟电压检测正常；当自锁开关switch断开，RB5引脚经R1泄放下拉至低电平，模拟电压过低。

本项目中单片机RB4输出电动机控制高频信号Control，则可以通过虚拟示波器观察。首先要连接单片机引脚和虚拟示波器，操作步骤如下：

首先，单击Proteus左侧工具栏的"Virtual Instruments Mode"（虚拟仪器模式）图标 🖳，选择第一项"OSCILLOSCOPE"（示波器），添加虚拟示波器，如图5—11中右上角所示。然后，分别从A口和RB4口各画出一段约1 cm长导线，移动鼠标光标至虚拟示波器A口延时导线上，向上滚动鼠标滚轮，放大当前鼠标所指区域。在导线上单击鼠标右键，选择"Place Wire Label"（放置导线网络标号），并在弹出的编辑网络标号对话窗口"String"栏输入网络标号名称"CONTROL"（引号内字符不区分大小写，下同），然后单击"OK"按钮。用同样的操作方法，为RB4口的延长导线添加相同的网络标号"CONTROL"。这样两个看起来并没有连接的引脚逻辑上已经连接。如图5—14所示。

a) b)

图 5—14 连接虚拟设备

a）选择放置导线网络标号 b）编辑网络标号对话框

单击运行仿真按钮，观察仿真现象。虚拟示波器的 A 口波形如图 5—15 所示，单击"加速"按钮，波形随之改变。

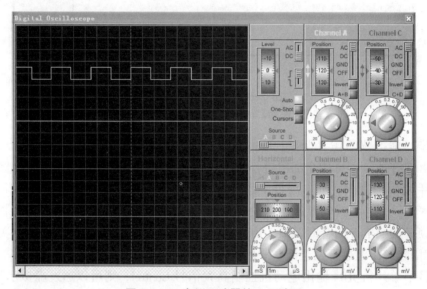

图 5—15 虚拟示波器的 A 口波形

上述程序经仿真软件 Proteus 准确测试，现象直观。

【活动七】按摩器智能芯片程序烧写

一般情况下，程序仿真测试正确后，再次检查用 ICD 2 连接计算机和芯片烧写座，单击工具栏上"Program Target Device"（对目标设备编程）按钮烧写程序。

重复单击烧写按钮，多烧几片作为样品交生产车间试用。一般样品提交 10 片左右，由生产车间实际安装，并进行相关功能测试。若符合要求，则芯片开发工作完成，可大批量烧录。若不符合要求，需协同车间对程序进行调试、仿真、测试，更改程序或电路板，直到符合要求为止。

思考

1. 仔细阅读程序，比较与前述项目中程序的异同，并分析原因。

2. 你是否可以联想到哪些产品中也有类似的功能，是否可以参考这样的编程方法？需要做些什么样的调整？

3. 想要改 4 种节奏为 6 种节奏，怎样才可以实现？（增加的节奏方式自定）

4. 若要增加一挡按摩力度，怎样才可以实现？

四、项目评价

按摩器智能芯片开发项目评价见表 5—7。

表 5—7　　　　　　　　　　　　　按摩器智能芯片开发项目评价

项目内容	配分	评分标准	扣分
项目认知	20	（1）不能按产品说明书正确操作　　　　　　　　　　扣 5 分 （2）不能按控制要求正确描述产品功能　　　　　扣 5~15 分	
项目实施	70	（1）不能提供两种以上的芯片选择方案　　　　　　　扣 5 分 （2）不能根据提示编制程序流程框图或程序　　　　扣 10 分 （3）不能阅读程序及调试程序　　　　　　　　　　扣 5~10 分 （4）不能理解 C 语言及调速等相关知识　　　　　扣 5~10 分 （5）程序流程框图不全或程序功能实现不全　　　　扣 10 分 （6）不能实现仿真及解释仿真结果　　　　　　　　扣 5~10 分 （7）不能使用虚拟示波器仿真　　　　　　　　　　　扣 5 分 （8）不能完成思考题　　　　　　　　　　　　　　1 个扣 2 分	
安全文明生产	10	违反安全生产规程　　　　　　　　　　　　　　　　扣 10 分	
得分			

保温电热水壶智能芯片开发

一、目标要求

1. 能分析智能保温电热水壶的功能，分析输入、输出方式，确定输入、输出点数。

2. 能根据客户对电热水壶的功能需要进行芯片选择，并做出成本预算。

3. 能熟练使用开发平台和仿真平台。

4. 能理解 C 语言及温度控制、模数转换等相关知识。

5. 能进行简单外围电路分析。

6. 能阅读程序流程框图和程序。

7. 能按照提示完成电热水壶智能芯片程序编制和调试仿真，并能解释仿真结果。

二、项目准备

为确保本项目顺利完成，除前面用到的软、硬件外，还需准备某型号智能保温电热水壶成品一个，如图 6—1 所示。单片机选用 PIC16F72 型号，如图 6—5 所示。

图 6—1　某型号智能保温电热水壶

三、项目认知与实施

【活动一】保温电热水壶体验

市面上各种电热水壶可谓五花八门，究其控制原理可分为温控型和微电脑控制型。普通温控式保温电热水壶是开放式的，水烧沸后必须及时灌入保温壶保温，否则水凉得很快。而具有保温效果的电热水壶一般有两种，一种是用温控开关，（见图6—2a），原理与饮水机差不多，水煮沸后温控开关直接切断电源。待温度降低到一定界限时，温控才重新导通加温。这样就等于保温状态时电热水壶是基本没有功耗的。但是开水不断地煮开—冷却—煮开—冷却，饮用这样的"千滚水"对人体健康不利。另一种是微电脑控制，采用温度检测电路和继电器。温度调控装置中设置有温度探测器，温度探测器可设置在电热水壶内底部。这种电热水壶功率大，加热迅速。水壶与外界是联通的，把水煮沸之后，水凉得也比较快。二次加热时，可以选择保温，不把水煮沸，而只需把水加热到设定的水温，因而可立即饮用，而且也不必等水温降下来才饮用，如图6—2b所示。这种保温电热水壶也是非密封的，缺点是热量散失较快，能耗较高，散热同时伴随着水蒸气流失，时间久了也会增加水中有害物质浓度。图6—2c所示的电热水壶是最新密封型智能保温电热水壶，其工作过程由微电脑（单片机）全程控制。最大的优点是水经彻底煮沸，保温时水壶与外界互通阀门关闭，密封保温，保温效果更好。当温度低于50℃时，电热水壶自动使用低功率加热，到70℃左右便停止加热，不会反复沸腾，可以方便地碰杯出水，也可以先放好杯子，然后按控制面板上"电动出水"按钮灌水，避免拿杯不当导致的烫伤危险。

a) b) c)

图6—2　各种电热水壶

a）普通温控式保温电热水壶　b）普通智能保温电热水壶　c）密封智能保温电热水壶

以市面上比较热门的某型号电热水壶为例，它采用的是蒸汽智能感应控制，具有过热保护、水煮沸自动断电、防干烧断电及保温功能。该智能保温电热水壶主体部分主要由壶盖、壶身和控制面板组成，如图6—3所示。壶盖周边有密封垫圈，闭合时可以较好地与外界隔离。壶盖面板下方还有一个出水口及"碰杯出水"触碰按键。壶盖面板及操作面板如

图 6—4 所示。

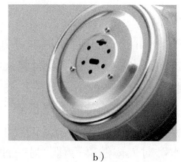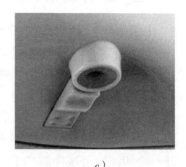

a）　　　　　　　　　　　　b）　　　　　　　　　　　c）

图 6—3　保温电热水壶主体部件

a）壶身及控制面板　　b）壶盖　　c）出水口及"碰杯出水"触碰按键

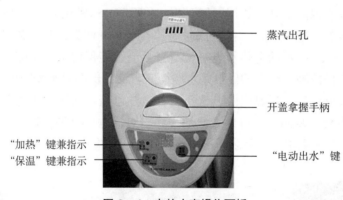

图 6—4　电热水壶操作面板

认真阅读操作说明书，按操作说明书进行以下操作，仔细观察并思考以下几下问题：

1. 该智能保温电热水壶控制面板上共有 3 个按键，那么控制所需的单片机是否只需要 3 个输入？如果不是，你认为还有哪些可能也会作为输入信号？

2. 烧水和保温均需要加热，你认为一个单片机的输出可以实现两个不同的加热功能吗？

首先壶内装入适量冷水，一般壶身会有水量标记。接上电源，加热指示灯熄灭，保温指示灯点亮。按下"加热"键，电热水壶自动启动大功率加热水，加热指示灯点亮，保温指示灯熄灭，气阀自动打开，水煮沸后白色的水蒸气从蒸汽口逸出。一直持续沸腾 2 min，加热指示灯熄灭，保温指示灯点亮，气阀关闭，进入保温阶段。用杯子顶在出水口下方，杯沿压到"碰杯出水"触碰按键，开水从出水口流出，稍稍挪开杯沿，出水即停止。或直接把杯子放在出水口下方（无须压到"碰杯出水"触碰按键），按住"电动出水"键，出水口也有开水流出；松开"电动出水"键，出水即停止。打开壶盖，再次注入一些冷开水，让水温降低。片刻，听到细微的煮水声音，但始终没有滚滚的沸腾声，表示当壶内水温降低时，该壶只有保温功能，没有煮沸功能。

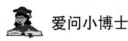

爱问小博士

水为什么要烧开持续 2 min?

水煮开后饮用,一方面是为了消毒,杀灭生水中存在的有害微生物;另一方面是由于城市自来水都经过氯化处理,氯与水中残留的有机物相互作用,会生成卤代烃、三氯甲烷(俗称氯仿)等有毒的致癌化合物,经过适当时间的沸腾后,卤代烃和三氯甲烷含量降到最低,成为安全的饮用水。

但开水也不是烧得越久越好。一般来说,烧开水的时间越久,水中无挥发性的有害物质和亚硝酸盐因水的蒸发而浓缩,含量相对增高。大量亚硝酸盐与人体血液作用,形成高铁血红蛋白,从而使血液失去携氧功能,使人缺氧中毒。常见的是那些在饮水机内或水壶内被反复加热的水,有人把这种水称为"千滚水"。虽然"千滚水"中的亚硝酸盐含量不至于这么高,但当亚硝酸盐在人体内达到一定剂量时就会形成致癌、致畸、致突变的物质,可严重危害人体健康。

【活动二】保温电热水壶芯片选择

1. 保温电热水壶结构和功能分析

(1)开机。接上电源,保温指示灯亮,加热指示灯灭,电热水壶不工作。按下"加热"键,加热指示灯亮,水壶开始大功率加热,保温指示灯灭,气阀打开。这里电源指示灯与加热指示灯共用,可由同一个输出接口控制。大功率加热器、保温指示灯及气阀分别由 3 个输出接口各自控制。"加热"键作为一个输入信号。

(2)煮水。大功率加热后几分钟,水开始沸腾,蒸汽从蒸汽出口冒出。这里需要检测温度,因需要煮沸 2 min,所以还需要计时。计时到大功率加热停止,转到保温状态,加热指示灯灭,保温指示灯亮。这里检测到的温度也作为一个输入信号。

(3)出水。为安全起见,电热水壶大功率加温即加热指示灯亮期间,不能出水。保温期间,出水口允许打开。出水有两种方式。一种是水杯轻压"碰杯出水"触碰按键,出水口出水;另一种是将水杯放置出水口下方,无须轻压"碰杯出水"触碰按键,按下控制面板上的"电动出水"键即可。这里,出水口的"碰杯出水"触碰按键、控制面板上的"电动出水"键均由单片机控制,是两个输入信号;电动出水时需要水泵,所以需要输出一个信号驱动水泵。

(4)保温。水开后水壶自动转入保温状态,当保温温度低到某一设定温度时水壶自动开启小功率加热器,但不会煮沸,只是当加热到另一设定的高温度时自动切断小功率加热器;当水温再次低到某一设定温度时水壶又自动开启小功率加热器。如此周而复始,实现保温效果。这里,同样需要温度检测信号,由同一个测温装置提供;另外还需要输出一个信号驱动小功率加热器。

(5)关机。本机没有单独的"关机"键,只要加热结束后便自动进入保温模式。如要再次煮沸则按下"加热"键,若不需煮沸或保温则直接切断电源即可。

显然,这种智能型保温电热水壶操作虽然简单,但结构和功能与前者相比却要复杂很多。为了更明确各部件的功能及相应的信号和控制，将其列表分析，见表6—1。

表6—1 保温电热水壶结构和功能分解

主体名称	部件名称	功能说明	信号与控制
壶盖	气阀	气阀关闭，与外界隔离；气阀打开，与外界相通。大功率加热时，打开气阀，使高温水蒸气可以逸出。断电时默认闭合	开启、闭合受单片机控制
壶身	不锈钢桶	存储水	无
	大功率发热体	快速煮水，保持沸腾2 min，除去水中余氯	受单片机控制
	小功率发热体	加热，保温	受单片机控制
	温度传感器	位于壶底，检测温度。同时起到防止无水或缺水干烧	为单片机提供温度原始数据
	"碰杯出水"触碰按键、出水管1	位于壶身出水口内侧，"碰杯出水"触碰按键被轻压时，通过出水管1引至出水口	单片机检测按下信号
	水泵，出水管2	电控，从壶底抽水，通过出水管2引至出水口	受单片机控制开闭
控制面板	"加热"键	按下"加热"键，切换到大功率加热，点亮加热指示灯	单片机检测按下信号
	"保温"键	按下"保温"键，切换到小功率加热，点亮保温指示灯	单片机检测按下信号
	"电动出水"键	按下"电动出水"键，打开水泵抽水	单片机检测按下信号
	加热指示灯	大功率加热时点亮	受单片机控制
	保温指示灯	小功率加热时点亮	受单片机控制

2. 保温电热水壶智能芯片要求解读

（1）输入和输出。根据保温电热水壶功能要求，其控制器需要4个普通输入，1个温度模拟量采集输入，6个输出，共需要11个I/O接口。4个输入对象均为按键类型，分别是"加热"键、"保温"键、"电动出水"键以及隐藏在出水口下面的一个"碰杯出水"触碰按键。6个输出口驱动的对象分别为2个LED指示灯、1个水泵、1个气阀、1组大功率加热模块、1组小功率加热模块。

另外，由于保温电热水壶是一个温度控制型家用电器，所以需要一个温度采集输入。由于采集到的温度是一个模拟量，而单片机处理的都是数字信号，所以需要一个A/D（模/数转换）装置，简称A/D转换器，它能将采集到的温度模拟量转换成单片机可以处理的数字信号。

（2）驱动能力。从输出驱动要求看，输出口驱动对象分别为2个LED指示灯，可由单片机直接驱动。1个水泵，水泵其实也是一个小电动机，所以需要有放大驱动电路。气阀及加热模块则需要通过继电器来实现控制。

（3）性价比。市场上单片机种类较多，品牌各异。选择时要多查询，尽可能选择性价比高的芯片，以降低生产成本，提高市场竞争力。

3. 保温电热水壶智能芯片选择

根据对电热水壶的功能分析和对智能芯片的要求分析，可供使用的单片机比较多，因为还要考虑温度检测，所以组合方案也有多种。

方案一：CF745 单片机加 DS18B20 单总线温度传感器。CF745 共有 12 个通用 I/O 接口，价格较低，项目五中已有详细介绍。DS18B20 是一个高精度的数字温度传感器，不再需要额外的 A/D 转换芯片，具有布线简单、精度高、只占用单片机一个 I/O 接口等优点，但较高的价格明显增加生产成本，影响企业利润。

方案二：CF745 单片机加热敏电阻。热敏电阻是一种成本较低的温度传感器，通常能控制精度在 1℃ 以内，能够达到本项目要求。从成本角度分析，CF745 单片机加热敏电阻是最佳搭档，国内市场上也有该方案产品，但是应用 CF745 最大的限制是 CF745 没有专用的模拟输入接口。当然也可以通过一定技术手段，如使用 3 个通用 I/O 接口实现热敏电阻温度采集，但编程难度较大，受 CF745 资源限制，能采集的温度范围有限。

方案三：使用内置集成 A/D 转换器的低价单片机 PIC16F72 加热敏电阻。PIC16F72 是一种 28 只引脚、22 个通用 I/O 接口且 I/O 接口驱动能力强的单片机，2 K 字节 ROM、128 字节 RAM 和集成 10 位 PWM 硬件电路、5 路 8 位模拟量输入、1 个 8 位定时器，2 个 16 位定时器，最大语句频率为 20 MHz，轻松达到本项目要求。而且由于 A/D 转换器内部集成，外围电路及布线就会比较简洁，编程控制简单。单片机大批量价格 3 元左右，使性价比也成为该方案的亮点。

PIC16F72 外形和引脚如图 6—5 所示。其中 2 ~ 7 引脚为 RA 组 I/O 接口，简称 PORTA；21 ~ 28 引脚为 RB 组 I/O 接口，简称 PORTB；11 ~ 18 引脚为 RC 组 I/O 接口，简称 PORTC。具体引脚功能说明见表 6—2。

综上所述，本项目选择方案三。配置 RA 组的 RA0/AN0 引脚为温度采集模拟量输入端，获取热敏电阻分压数据检测温度，其余 RA 组引脚均作 I/O 输入。配置 RC 组为输入，用以连接"加热"键、"保温"键等输入器件。配置 RB 组为输出，控制指示灯、水泵等 6 个输出器件。

a）

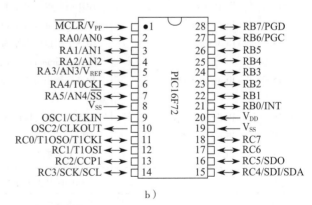

b）

图 6—5　PIC16F72 外形及引脚排列

a）外形　b）引脚排列

表 6—2　　　　　　　　　　　　PIC16F72 引脚排列及功能描述

引脚序号	管脚名称	功能描述
9	OSC1/CLKIN	振荡器晶振输入 / 外部时钟源输入
10	OSC2/CLKOUT	振荡器晶振输出。在晶振模式连接到晶体振荡器或谐振器。在 RC 模式下，OSC2 引脚可以输出 CLKOUT，其频率为 OSC1 的 1/4，也指示单片机语句周期速度
1	$\overline{\text{MCLR}}$/V_{PP}	主复位输入，低电平有效器件复位。编程电压输入
2	RA0/AN0	PORTA 是双向 I/O 接口 RA0 引脚也是模拟输入通道 0
3	RA1/AN1	RA1 引脚也是模拟输入通道 1
4	RA2/AN2	RA2 引脚也是模拟输入通道 2
5	RA3/AN3/V_{REF}	RA3 引脚也是模拟输入通道 3 或模拟参考电压输入
6	RA4/T0CKI	RA4 引脚也可以作 Timer0 时钟输入。输出是 Open Drain 输出
7	RA5/AN4/$\overline{\text{SS}}$	RA5 引脚也是模拟输入通道 4 及 SSP 同步串行通信的从机
21	RB0/INT	PORTB 是双向 I/O 接口，PORTB 所有引脚作输入时可以软件配置为内部弱上拉输入 RB0 引脚同时也是外部中断输入
22	RB1	双向 I/O 接口
23	RB2	双向 I/O 接口
24	RB3	双向 I/O 接口
25	RB4	电平变化中断引脚
26	RB5	电平变化中断引脚
27	RB6/PGC	电平变化中断引脚，串行编程烧写时钟信号
28	RB7/PGD	电平变化中断引脚，串行编程烧写数据通信
11	RC0/T1OSO/T1CKI	PORTC 双向 I/O 接口 RC0 引脚也可以作 Timer1 脉冲输出或 Timer1 时钟输入
12	RC1/T1OSI	RC1 引脚也可以作 Timer1 脉冲输入
13	RC2/CCP1	RC2 引脚也可以作 CCP1 输入 / 比较器输出 /PWM 输出
14	RC3/SCK/SCL	RC3 引脚也可以作 SPI（Serial Peripheral Interface，串行外设接口）或 I^{2}C（Inter-Integrated Circuit，内部集成电路）同步串行通信时钟输入或输出
15	RC4/SDI/SDA	RC4 引脚也可以作 SPI 模式下 SPI 数据输入或 I^{2}C 模式下 I^{2}C 数据输入和输出
16	RC5/SDO	RC5 引脚也可以作 SPI 模式下 SPI 数据输出
17	RC6	双向 I/O 接口
18	RC7	双向 I/O 接口
8/19	V_{SS}	逻辑电路和 I/O 引脚的接地参考点
20	V_{DD}	逻辑电路和 I/O 引脚的正向电源

爱问小博士

什么是温度采集?

保温电热水壶在加热时需要将当下的温度反馈给单片机,这个过程称为温度采集。有了这个温度信号,就可以让单片机判断是加热还是停止加热,是大功率加热器工作还是小功率加热器工作。这个过程需要有一个温度检测元件(又称温度传感器),家电中常用的温度传感器主要是热敏电阻。如图6—6所示为几种常用的温度传感器。

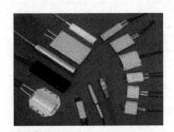

图6—6 温度传感器

热敏电阻器:热敏电阻器是敏感元件的一类,按照温度系数不同分为正温度系数热敏电阻器(PTC)和负温度系数热敏电阻器(NTC)。热敏电阻器的典型特点是对温度敏感,不同的温度下表现出不同的电阻值。正温度系数热敏电阻器在温度越高时电阻值越大,负温度系数热敏电阻器在温度越高时电阻值越低。它们同属于半导体器件,主要用于环境温度的检测和控制。热敏电阻器结构简单、体积小,应用比较广泛,如冰箱、空调、干燥器、热水器、取暖器等都要用到热敏电阻器。

【活动三】保温电热水壶智能芯片引脚分配及外围电路分析

尽管采用单片机方案,但由于本电热水壶功能较多,且几乎都需要驱动电路,相对而言,保温电热水壶控制的外围电路比较复杂。这里主要是进行程序控制功能设计,所以在图6—7所示的保温电热水壶电路原理图中几个输出均采用了发光二极管模拟。具体输入和输出信号见表6—3。

表6—3　　　　　　　　　　　　　　输入和输出信号表

输入信号			
信号名称	分配引脚	引脚编号	意义或作用
"加热"键	RC3	14	加热控制。按下"加热"键,切换到大功率加热器加热,点亮加热指示灯
"保温"键	RC4	15	保温控制。按下"保温"键,切换到小功率加热器加热,点亮保温指示灯
"电动出水"键	RC5	16	电动出水控制。按下"电动出水"键,打开水泵抽水
"碰杯出水"触碰按键	RC6	17	碰杯出水控制。"碰杯出水"触碰按键被轻压时,通过出水管1引至出水口

输入信号			
信号名称	分配引脚	引脚编号	意义或作用
温度采集	RA0	2	检测温度，为单片机提供温度原始数据，同时起到防止无水或缺水干烧

输出信号			
控制对象	分配引脚	引脚编号	意义或作用
气阀	RB0	21	大功率烧水时，打开气阀，断电时默认闭合
大功率	RB1	22	快速煮水，保持沸腾 2 min
小功率	RB2	23	小功率加热，保温
加热指示	RB3	24	大功率加热时点亮
保温指示	RB4	25	小功率加热时点亮
水泵	RB5	26	受"电动出水"键控制。按下水泵工作，断电时不能使用

电路可分为 4 个模块：

第 1 部分：如图 6—7 细点画线框①所示，为按键模块，包含"加热"键、"保温"键、"电动出水"键、"碰杯出水"触碰按键，分别接到 PIC16F72 的 RC3～RC6 接口，按键的设计与前几个项目相同。

第 2 部分：如图 6—7 细点画线框②所示，为温度采集模块，这里使用一个 10 kΩ 的电位器模拟热敏电阻的阻值变化。PIC16F72 的 RA0/AN0 接口配置成模拟输入口，检测温度。

第 3 部分：如图 6—7 细点画线框③所示，是负载控制输出模块。气阀，大功率、小功率加热器及水泵的控制均是通过继电器间接控制的，与项目三的继电器控制电路相同，故此处简单通过 LED 指示灯显示输出口的状态。各输出接到 PIC16F72 的 RB0～RB5 接口。

第 4 部分：如图 6—7 细点画线框④所示，是 PIC16F72 单片机模块 U1。RA 组中的 RA0/AN0 接口的 TEMP 与第 2 部分的 TEMP 相连，获取热敏电阻的分压。RB 组的 RB0～RB5 共 6 个接口作为输出，分别与第 3 部分的负载模块相连。RC 组的 RC3～RC6 共 4 个接口作为输入，分别与"加热"键、"保温"键、"电动出水"键和"碰杯出水"触碰按键相连。

【活动四】保温电热水壶程序流程框图编制

按功能要求画出程序流程框图。为了保证保温电热水壶既有足够的温度，又不至于多次沸腾，保温电热水壶的状态有待机状态（状态 3）和工作状态。其中工作状态也分为 3 种：状态 0，大功率加热；状态 1，小功率加热；状态 2，保温处理。为了使程序更加直观清晰，采用二级流程方式。总流程及 3 个按键处理流程。参考工作流程如图 6—8 所示。

总流程：开机或加湿等工作状态结束后，水壶自动检测水温及检测按键是否按下，如果有效则设置相应的流程控制状态值。例如，检测到"加热"键有效，则进入"状态 0：大功率烧水工作流程"。

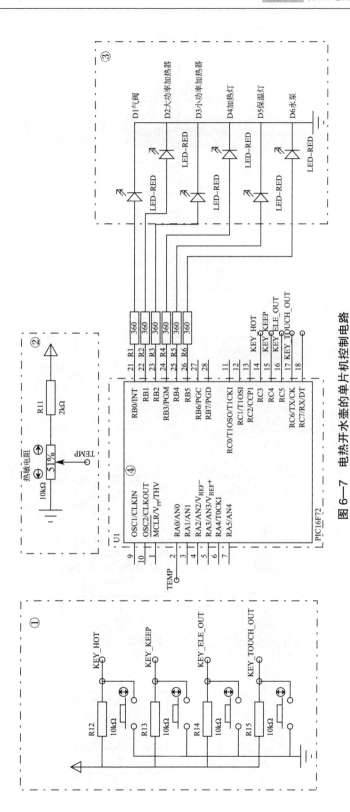

图6—7 电热开水壶的单片机控制电路

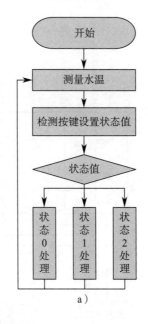

a）

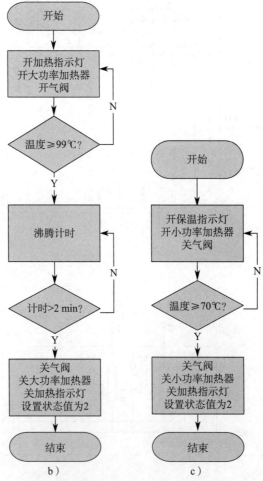

b）　　　　c）

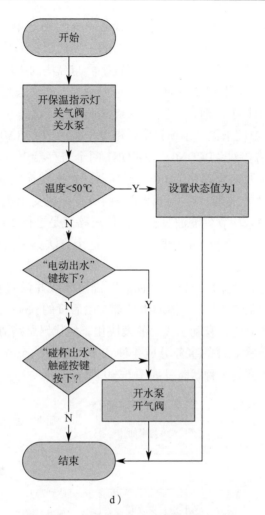

d)

图 6—8 电热水壶智能控制程序流程框图

a）总程序流程框图 b）状态 0：大功率加热程序流程框图

c）状态 1：二次加热保温（小功率加热）处理程序流程框图 d）状态 2：出水处理程序流程框图

状态 0 流程：进入状态 0，加热指示灯亮，大功率加热开始，且打开气阀。检测温度到达 99℃时开始计时，沸腾 2 min 到，大功率加热停止，加热指示灯关闭，并转入状态 2。

状态 2 流程：进入状态 2，保温指示灯亮，关闭气阀和水泵。检测温度，若温度高于 50℃表示可以饮用，检测出水信号，若有则打开气阀和水泵出水。若温度低于 50℃，表示饮用水温度过低需要加热，但不是大功率加热，而是小功率加热，因此转入状态 1。

状态 1 流程：进入状态 1，保温指示灯打开，关闭气阀，开始小功率加热。检测温度，若温度低于 70℃，则继续小功率加热。若温度高于 70℃，则关闭小功率加热，并转入状态 2。

【活动五】保温电热水壶程序编制、调试

按程序流程框图，在软件开发平台 MAPLAB IDE V8.20a 中进行程序编制并调试，程序编写采用 C 语言。与前面的项目一样，写程序代码首先要确定单片机的引脚分配和输入、输出接口的初始化配置。需要注意的是 PIC16F72 的一半的引脚都具备第二功能，因此，需要仔细参考 PIC16F72 的数据手册来写初始化配置字。与算法的程序流程框图相对应，程序的主体也由 3 个函数组成：获取温度值的 getTemp（）函数，处理按键的 keyProcess（）函数以及按状态驱动各个负载（外围元器件）的 processThings（）函数。

getTemp（）函数实现温度采集。本项目中，温度采集后送入 RA0，利用内置的 A/D 转换器进行 A/D 转换，所以需要对 ADCON0、ADCON1 两个寄存器进行初始化配置，可与数据手册对照学习。A/D 转换的结果存在 ADRES 寄存器，每次转换完成，读取 ADRES 计算就可以得到当前温度。温度的采集、转换过程难免会有误差或受干扰产生突变，为保证采集数据的稳定性，本项目中采用软件滤波算法，具体思路就是进行 10 次温度采集，筛去 1 个最大值，筛去 1 个最小值，剩余的 8 个值求平均。这个方法称为去极值滤波算法，通过软件滤波，采集温度数据更加稳定。

keyProcess（）函数响应"加热"键与"保温"键。函数并没有直接对外围电路进行控制，只是简单设置 status 状态标志，具体的事务都交由后续的 processThings（）函数处理。这种编程方法将流程与事务分离，有利于代码的模块化，使代码思路清楚、方便维护。

processThings（）函数将处理的事务分成 4 种状态，每种状态各司其职，完成各自的控制，并按一定的条件转换到另一种状态，如图 6—9 所示。

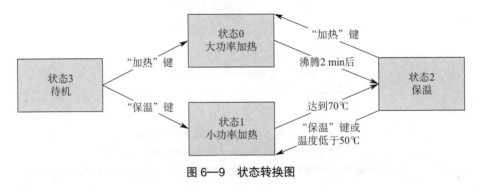

图 6—9　状态转换图

详细代码如下所示。

```
1  #include<pic.h>          //包含单片机内部资源预定义
2  #define Key_Hot RC3 //"加热"键
3  #define Key_Keep RC4 //"保温"键
4  #define Key_ELEOut RC5 //"电动出水"键
5  #define Key_TouchOut RC6 //"碰杯出水"触碰按键
6  #define C_AirDoor RB0 //气阀开关
7  #define C_HighHot RB1 //大功率加热器开关
```

```
8   #define C_LowHot RB2 // 小功率加热器开关
9   #define C_HotLed RB3 // 加热指示灯
10  #define C_KeepLed RB4 // 保温指示灯
11  #define C_Water RB5 // 水泵开关
12  unsigned int sum;
13  unsigned char result, count, temp, sec, max, min, i;
14  bit KeyEn;
15  unsigned char status;
16  void  delay (unsigned int i) // 延时程序
17  {
18          while (--i); // 延时时间由 i 决定
19  }
20  void  init ( )
21  {
22          PORTB=0x0;
23          TRISB=0x0; //PB 接口全部作为输出
24          PORTC=0xFF;
25          TRISC=0xFF; //PC 接口全部作为输入
26          PORTA=0x0;
27          TRISA=0x01; //RA0 作为模拟输入，其他为输出
28          ADCON1=0x04; // 转换结果右对齐，RA0 做模拟输入接口，其他做普通 I/
                O 接口
29          ADCON0=0x41; // 系统时钟 Fosc/8，选择 RA0 通道，允许 ADC 工作
30          KeyEn=1; // 初始按键允许
31          status=3; // 初始，待机状态
32          result=0; // 初始温度采样值清零
33  }
34
35  void keyProcess ( ) // 按键处理函数
36  {
37
38          if (!KeyEn) return; // 排除其他按键
39          if (Key_Hot==0)
40          {
```

```
41                        delay (2000);
42                        if (Key_Hot==0)
43                        {
44                                    status=0;  // 大功率加热
45                                    return;
46                        }
47            }
48            if (Key_Keep==0)
49            {
50                        delay (2000);
51                        if (Key_Keep==0)
52                        {
53                                    status=1; // 低功率加热
54                                    return;
55                        }
56            }
57            if (Key_Hot==0|| Key_Keep==0) KeyEn=0; // 两个键不允许同时按下
58            else KeyEn=1;
59  }
60
61  void outPut ( ) // 根据状态输出各控制信号
62  {
63            switch（status）
64            {
65                case 0：C_HighHot=1；C_HotLed=1；C_LowHot=0；C_KeepLed=0；
66                    C_AirDoor=1；
66                            if（temp>=99）
67                            {
68                                    delay（4807）；//62.5 ms
69                                    count++；
70                                    if（count>=16）
71                                    {
72                                            count=0；
73                                            sec++；
```

```
74                                                      if (sec==120) status=2; //
                                                        沸腾 2 min，然后保温
75                                      }
76                              }
77                      break; // 开大功率加热器烧水，开加热指示灯，关小功率加
                        热器，打开气阀
78              case 1: C_HighHot=0; C_HotLed=0; C_LowHot=1; C_KeepLed=1; C_
                        AirDoor=0;
79                      if (temp>=70){status=2;}
80                      break; // 开小功率加热器烧水，关大功率加热器，开保
                        温指示灯，关闭气阀
81              case 2: C_HighHot=0; C_HotLed=0; C_LowHot=0; C_KeepLed=1; C_
                        AirDoor=0;
82                      if(temp<50){status=1;}// 温度过低，自动开启小功率加热器
83                      if (Key_ELEOut==0||Key_TouchOut==0)
84                      {
85                              C_Water=C_AirDoor=1;
86                      }
87                      else
88                      {
89                              C_Water=C_AirDoor=0;
90                      }// 电动按键或"碰杯出水"触碰按键
91                      break; // 密封保温，开保温指示灯，关闭气阀
92                      // 电动出水时打开气阀，打开水泵抽水
93              default: C_HighHot=0; C_HotLed=0; C_LowHot=0; C_KeepLed=0;
94      C_AirDoor=1;
95                      // 默认状态 3
96              break;
97      }
98  }
99  void getTemp ( )
100 {
101         sum=max=0; min=255;
102         for (i=0; i<10;)
```

```
103              {
104                      if（!ADGO）// 转换结束
105                      {
106
107                              result=ADRES;
108                              if (min>result) min=result;
109                              if (max<result) max=result;
110                              sum+=result;
111                              i++;
112                              ADGO=1; // 开始下一次的转换
113                      }
114              }
115              result= (sum−min−max)>>3;
116              //10 次采集的数据去极值滤波，减去最小值、最大值，除以 8 求平均值
117              temp= (char)(result*24/51);
118                              // 实际情况温度应根据厂商提供数据表查表获得
119      }
120      void  main（）
121      {
122              delay（6153）; //160 ms
123              init(); // 调用初始化函数
124              while（1）
125              {
126                      getTemp（）;
127                      keyProcess（）;
128                      outPut（）;
129              }
130      }
```

【代码说明】

第 1 行：引用 pic.h 头文件，引入单片机内部资源预定义。

第 2～第 11 行：单片机引脚的预定义，方便代码开发和维护。

第 12～第 15 行：定义各变量，result 存放 A/D 转换结果，每轮温度检测采样 10 次，max、min 存储 10 次转换结果的最大值和最小值，sum 存放 10 次转换总和，因此，定义为无符号整形变量。count 与 sec 用于计时，status 用于标识电热水壶的三种工作状态。

第16～第19行：延时函数delay()。代码中多处调用，实现按键去抖动和2 min沸腾计时功能。

第20～第33行：初始化函数()。由于初始化的信息较多，专门用函数表达，便于阅读。单片机引脚的初始化配置及变量初始化，用到3组I/O接口，对应也需配置3组寄存器TRISA、TRISB、TRISC。

第31行：设置初始状态status为3，即待机状态。

第28～第29行：项目中用到温度采集模拟量输入，需用到单片机内置的A/D转换器，这样就需要配置对应的模数转换控制寄存器ADCON0和ADCON1。

ADCON0是A/D转换器工作方式控制寄存器，共有8位，每一位对应的控制功能见表6—4。

表6—4　　　　　　　　　　　　　　ADCON0寄存器控制字

bit7	bit6	bit5	bit4	bit3	bit2	bit1	bit0
ADCS1	ADCS0	CHS2	CHS1	CHS0	GO/DONE	—	ADON
0	1	0	0	0	0	0	1

其中：

bit0，表示A/D转换允许。设置为1为允许，设置为0则不允许。这里设为1。

bit1，无定义，默认为0。

bit2，表示A/D转换开始。设置为1为开始转换，转换完毕自动清零。初始值设为0。

bit3～bit5，表示模数转换输入通道设置。该芯片共有5个模数转换通道，RA0、RA1、RA2、RA3、RA5。具体用到哪个通道输入就通过这三位设置，其对应关系如下：

bit5～bit3	设置通道
000	RA0
001	RA1
010	RA2
011	RA3
100	RA5

这里用到RA0，则设置bit5～bit3为000。

bit6～bit7，表示A/D转换器工作频率设置。该芯片实际上是将A/D转换器芯片集成在单片机内。而转换器的工作频率可以与单片机同步，也可以与单片机不同步，或者利用A/D转换器内部RC振荡器。具体设置信息如下：

bit7～bit6	设置A/D转换器工作频率
00	二分频
01	八分频
10	十六分频
11	A/D内部RC振荡器

二分频、八分频、十六分频表示以单片机工作频率的 1/2、1/8、1/16 工作。这里初始设置 bit7 ~ bit6 为 01，即设为八分频。

ADCON1 是 RA 通道功能控制寄存器，共有 8 位，其中 bit2 ~ bit0 三位有效，其余无定义，默认为 0。A/D 转换器是集成在单片机中的，相当于是寄居在单片机中，所以 RA 通道其实是共用的。到底是作为 A/D 转换器通道传送模拟信号呢？还是作为单片机的普通 I/O 通道，就需要通过 ADCON1 寄存器来控制。ADCON1 寄存器控制字见表 6—5。

表 6—5 ADCON1 寄存器控制字

bit7	bit6	bit5	bit4	bit3	bit2	bit1	bit0
—	—	—	—	—	PCFG2	PCFG1	PCFG0
					1	0	0

其中，bit2 ~ bit0 三位定义了 5 个 RA 通道的功能，具体见表 6—6。A 表示作为 A/D 转换器的模拟量输入接口，允许模拟信号输入；D 表示作为单片机的普通 I/O 接口，只允许数字信号输入；V_{REF} 表示参考电压，当作为模拟量输入接口时，根据 A/D 转换原理需要提供一个参考电压；V_{DD} 为电源电压。例如，当三位设为 000 时，RA0 ~ RA5 全部为模拟输入接口，此时模数转换的参考电压为电源电压。而当设为 101 时，只有 RA0、RA1 作为模拟输入接口，RA2、RA5 作为普通 I/O 接口，RA3 端信号作为模数转换的参考电压。

这里设置 0x04，RA0 为模拟输入，以单片机电源电压为参考，具体见表 6—6。

表 6—6 ADCON1 寄存器控制字含义

PCFG2 ~ PCFG0	RA0	RA1	RA2	RA5	RA3	V_{REF}
000	A	A	A	A	A	V_{DD}
001	A	A	A	A	V_{REF}	RA3
010	A	A	A	A	A	V_{DD}
011	A	A	A	A	V_{REF}	RA3
100	A	A	D	D	A	V_{DD}
101	A	A	D	D	V_{REF}	RA3
11x	D	D	D	D	D	V_{DD}

 爱问小博士

A/D 转换器是什么？

A/D 转换就是模数转换，顾名思义，就是把模拟信号转换成数字信号。单片机处理信号通常是逻辑信号，非 0 即 1，不能处理连续信号模拟量。现实生活中各种物理量都是连续的且是非电信号，如压力、温度、湿度、位移、声音等。借助各种传感器，把各种非电物理量转换成电信号，完成这个步骤的传感器也是以模拟量的形式（通常是电压）输出居多，如这里的热敏电阻就是温度传感器，它能将温度的变化能过电阻值的变化从而以电压信号反映出来，这个电压信号是一个具有一定大小的模拟量，所以还需要借助一定的电路将模拟量转变为数字量才能为单片机所用。这种电路通常被封装为芯片，称为 A/D 转换器（A/D Convertor）。部分单片机将 A/D 转换器与单片机封装在一起，使电路体积更小，称为带 A/D 转换器的单片机。相应的带 A/D 转换器的单片机通常价格比同等资源的单片机高 1 元左右。单纯从外表并不能判断一个单片机是否带 A/D 转换器，要根据型号查阅厂商提供的数据手册。这里选用的 PIC16F72 就是内置 A/D 转换器的单片机。

第 35 ~ 第 59 行："加热"键与"保温"键的处理。与前面项目相同，按键使用软件延时去抖动排除干扰。"加热"键按下即进入大功率加热状态，"保温"键按下进入小功率加热状态。

第 61 ~ 第 98 行：outPut( ) 函数，根据 status 值分散各自输出对应的负载控制信号。加热时部分水变成水蒸气，使壶内气压升高，所以开始加热前先打开气阀，确保安全；保温时防止热量流失，关闭气阀。加热时水温变化剧烈，容易造成事故，所以电动出水和碰杯出水的控制代码只在状态 2 保温状态下工作。详见代码内各状态的注释说明。

第 99 ~ 第 119 行：实现了温度采集功能。每轮温度采集采样 10 次，A/D 转换器完成转换后，结果可以从 ADRES 寄存器读取。取得的结果累加到 sum，并分别与存储的最大值、最小值比较，如有需要，更新最大值、最小值。10 次转换完成后，从累加结果中减去最大的和最小的 2 个值，然后除以 8 求平均值，实现了对采集的数据去极值滤波。

第 115 行：右移是除以 8 运算的优化。

 小窍门

C 语言快速实现倍乘和二分频

PIC 的 8 位单片机里没有除法语句，因此，除运算要用其他方法间接计算，将耗费较多的计算时间和代码空间。对于 2、4、8、16…2^n 等 2 的指数次的乘法、除法运算，均可以用移位操作快速完成。C 语言提供的位运算就可以轻松搞定。

计算机中处理的数据都是二进制数，C 语言除了前面用到的算术运算、关系运算、逻辑运算外，还可以进行位运算。C 语言位运算包括按位与（&）、按位或（｜）、按位取反（~）、按位异或（–）、左移（<<）、右移（>>）6 种。

按位与（&）运算是对参与的两个数各对应的位进行相与。当对应的两数均为 1 时，结果为 1，否则为 0，常用来清零或保留某些位。如项目五中第 136 行代码 sec&0x01 使用了一个位逻辑与运算。这里 0x01 展开为二进制数即为 00000001，即最后一位为 1，当 sec 的计数值与其按位相与后，只能够在奇数秒时结果为 1，以此区分偶数秒和奇数秒，实现偶数秒工作、奇数秒停止。

按位或（｜）运算是对参与运算的两个数各对应位相或。只要对应的两个数有一位为 1 则为 1，否则为 0，常用于置 1。

按位取反（～）运算是对参与运算的数进行按位求反，即由 1 变 0，由 0 变 1。

左移（＜＜）运算是把运算符"＜＜"左边的数各位全部左移若干位，移动的位数由运算符"＜＜"右边的数指定，高位丢弃，低位补 0。如设 a=00000001，则执行"a ＜＜ 3"语句后，得到 a=00001000，即从原来的 1 变成了 8，相当于乘了 8。

右移（＞＞）运算是把运算符"＞＞"左边的数各位全部右移若干位，移动的位数由运算符"＞＞"右边的数指定，低位丢弃，高位补 0。如设 a=00001000，则执行"a ＞＞ 3"语句后，得到 a=00000001，即从原来的 8 变成了 1，相当于除了 8。这里第 115 行 result=（sum-min-max）＞＞3 就是执行了一条右移 3 位的位运算语句，相当于把原来的频率进行了 8 分频。

第 120～第 130 行：main( ) 函数，与主程序流程框图基本对应。第 122 行的 delay（6153）；短延时，等待晶振起振稳定。调用 Init( ) 函数初始化，之后就是反复的温度采集—按键处理—事务执行流程。

【活动六】保温电热水壶仿真验证

Proteus 软件中没有 PIC16F72 的仿真模型，仿真测试时可以使用 PIC16F870 来代替。PIC16F870 与 PIC16F72 引脚兼容，资源相同，唯一的区别是 PIC16F870 的 AD 是 10 位的，而 PIC16F72 只有 8 位。新建一个仿真工程，按电路原理图绘制仿真电路。这里建议用发光二极管模拟气阀、水泵、加热器等，用普通电阻代替热敏电阻。

绘制如图 6—10 所示仿真原理图时，需先在 MAPLAB 中完成单片机选项，选择 PIC16F870。

第一步，选择 Configure 菜单下的"Select Device..."选项，在弹出的"Select Device"对话框的左上角"Device"项更改单片机为 PIC16F870，单击"确定"按钮，如图 6—10 所示。

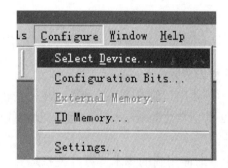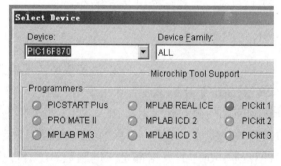

图 6—10　完成单片机选项界面

第二步，将代码的第 107 行"result=ADRES；"更改为"result=（ADRESH<<8|ADRESL）；"，表示将采集结果的高位寄存器数据先左移 8 位，再与采集结果的低位寄存器数据相或得到 10 位的采集结果。因为 PIC16F870 的 AD 模块是 10 位的，采集结果存放在 ADRESH 和 ADRESL 两个寄存器中，数据处理比 16F72 多一步。

第三步，单击工具栏上■或■按钮重新编译程序。

代码加载与仿真过程与前面项目方法一致。按功能要求运行仿真，可以看到加热状态下，模拟负载的工作情况如图 6—11 所示。按下"电动出水"键或"碰杯出水"触碰按键，模拟水泵的指示灯就会亮起；松开，模拟水泵的指示灯熄灭。各项功能实现与设计要求相符。

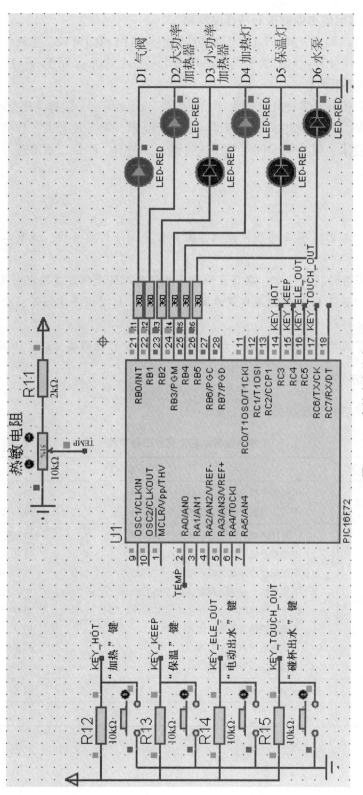

图6—11 电热水壶仿真原理

【活动七】保温电热水壶智能芯片程序烧写

程序仿真测试正确后，MAPLAB 中将单片机型号改回 PIC16F72，重新编译代码。再次检查后用 ICD 2 连接计算机和芯片烧写器，单击工具栏上"Program Target Device"（对目标设备编程）按钮烧写程序。

重复单击烧写按钮，多烧几片作为样品交生产车间试用。一般样品提交 10 片左右，由生产车间实际安装，并进行相关功能测试。若符合要求，则芯片开发工作完成，可大批量烧录。若不符合要求，需协同车间对程序进行调试、仿真、测试，更改程序或电路板，直到符合要求为止。

 思考

1. 比较本项目与前述项目的程序流程框图和程序，分析其异同。说明二级流程设计方案的优点。

2. 你认为是否可以将项目四、项目五的程序流程用二级流程方案实现，怎么实现？

3. 实际生活中很多场景都会用到温度的自动控制，如空调、冰箱等，尝试设计其温度控制环节的程序流程框图和程序。

4. 你认为除了温度控制外还有哪些物理量在哪些场景可以用类似的方法实现自动控制？

四、项目评价

电热水壶智能芯片开发项目评价见表 6—7。

表 6—7　　　　　　　　　　　电热水壶智能芯片开发项目评价

项目内容	配分	评分标准		扣分
项目认知	25	（1）不能按产品说明书正确操作	扣 5 分	
		（2）不能按控制要求正确描述产品功能	扣 5~20 分	
项目实施	65	（1）不能提供两种以上的芯片选择方案	扣 5 分	
		（2）不能根据提示编制程序流程框图或程序	扣 10 分	
		（3）不能阅读程序及调试程序	扣 5~10 分	
		（4）不能理解 C 语言及模数转换等相关知识	扣 5~10 分	
		（5）程序流程框图不全或程序功能实现不全	扣 10 分	
		（6）不能实现仿真及解释仿真结果	扣 10 分	
		（7）不能进行仿真芯片替换	扣 5 分	
		（8）不能完成思考问题	1 个扣 2 分	
安全文明生产	10	违反安全生产规程	扣 10 分	
得分				

空调扇智能芯片开发

一、目标要求

1. 能分析空调扇功能，分析输入、输出方式，确定输入、输出点数。

2. 能根据客户对智能空调扇的功能需要进行芯片选择，并做出成本预算。

3. 能较熟练地运用开发平台和仿真平台，能运用虚拟计数器进行定时时间校正。

4. 能正确理解中断概念并能掌握中断技术的使用方法。

5. 能理解硬件和软件 PWM 控制技术差异，并能掌握硬件 PWM 控制技术使用方法。

6. 能阅读程序流程框图和程序。

7. 能进行简单外围电路分析。

8. 能按照提示完成空调扇智能芯片程序编制和调试仿真，并能解释仿真结果。

二、项目准备

为确保本项目顺利完成，除前面用到的软件和硬件外，还需准备某型号空调扇成品一台，如图 7—1 所示。单片机选用 PIC16F72 型号。

图 7—1 某型号空调扇

三、项目认知与实施

【活动一】空调扇体验

空调扇是一种集水冷、吹风、空气过滤三项技术的新型电风扇。它利用空气对流与加速水蒸气蒸发吸收热量的原理，通过水循环系统，将水快速地蒸发并从风口吹出，达到降温、加湿、净化空气等多种功能。空调扇结合了空调与电扇的优点，大部分空调扇都有除尘网可以过滤空气，若除尘网上再有一层光触媒还可以起到杀菌的效果。空调扇送风口吹出的风是加湿的，温度低于室温，配合冰晶，有更好的降温效果，一般会比环境温度低3～5℃。空调扇没有外露的扇叶，比普通风扇更安全。工作时能耗与普通电风扇差不多，远低于空调。有些还在送风的基础上再加了负离子发生和加热等功能，受到越来越多的人喜欢，特别适合老年人和小孩。如图7—2所示为某型号空调扇内部结构及操作面板。空调扇实际上就是一个装备了水冷装置的电风扇，它比普通电扇增加了一个水泵、水箱及滤网等，水箱中放置了预先在冰箱里冰冻好的高效制冷介质冰晶。内置的水泵将高密度吸水植物纤维片吸附的水用风扇把冷的水蒸气吹出来，从而使扇叶送出的风就有了冷的感觉。如果空调扇具有负离子氧吧功能和光触媒材料，能对室内空气进行除尘过滤、净化，从而提高空气的质量，就更符合健康环保的要求了。

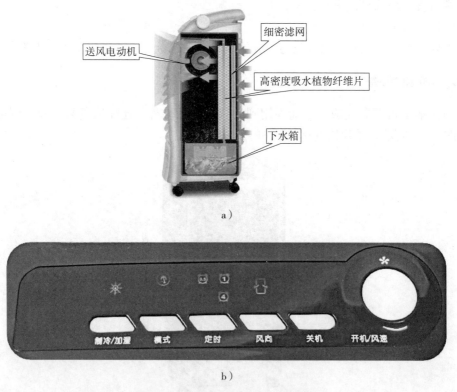

a）

b）

图7—2 空调扇内部结构及操作面板

a）空调扇内部结构 b）空调扇操作面板

认真阅读操作说明书，按操作说明书进行以下操作，仔细观察其工作过程，思考并完成以下几个问题：

1. 控制器面板有 9 个 LED 指示灯和 6 个轻触按键，它们的功能分别是什么？有哪些关联？

2. 该空调扇有 3 挡风速选择，你认为可以通过什么办法实现？

3. 该空调扇具有多挡的定时时间，最长累计可定时 7.5 h，如果按照前述项目的延时方法，你认为可以实现吗？如果可以，怎么实现？你是否觉得应该有更优化的设计？

4. 仔细体会单片机的输入、输出有哪些？是否有共用资源？

接上电源后，所有指示灯都熄灭。按下"开机 / 风速"键，空调扇默认自然风、低挡风速方式送风，同时点亮开机指示灯。连续按下"开机 / 风速"键可循环调整 3 挡风速。按下最左边的"制冷 / 加湿"键打开加湿制冷功能，加湿指示灯点亮，同时水泵从下水箱抽水到上水箱，水流沿纤维网重新流回下水箱，如将预先在冰箱里冷冻好的冰晶放入空调扇下水箱，可起到降低水流温度的作用；再按"制冷 / 加湿"键则加湿制冷功能关闭，加湿指示灯灭。按下"模式"键，空调扇送风模式由自然风改为持续风，自然风指示灯灭，持续风指示灯亮；再按下"模式"键又回到自然风模式，对应指示灯灭、亮；可循环切换。按下"定时"键，0.5 h 灯亮，定时开始，空调扇将在半小时后自动关机；再按 1 次"定时"键，0.5 h 灯灭，1 h 灯亮；再按 1 次，0.5 h 灯亮，1 h 灯亮，表示每按一次定时时间增加 0.5 h，目前定时时间共 1.5 h；再连续按 5 次，直到 0.5 h、1 h、2 h、4 h 定时指示灯全部亮起，总定时时间为 4 个指示时间的累加共 7.5 h；再按 1 次，4 个定时指示灯全灭，定时取消。按下"风向"键切换扫风或定向风状态。扫风时，风叶摇摆指示灯点亮，再按下"风向"键，风扇摇摆取消。按下"关机"键，空调扇停止工作，所有指示灯都熄灭。

 爱问小博士

空调扇真的可以与空调媲美吗？

价值几百块钱的空调扇，当然不可能是真正的空调。空调扇没有压缩机，也不用制冷剂，无论从结构还是原理来看，都与空调相去甚远，而与电风扇有更近的关系。没有压缩机不用制冷剂，空调扇制冷靠什么？空调扇主要由电动机、风轮、水泵、过滤网、加湿纤维网、冰晶等部件组成。空调扇实际上就是一个装备了水冷装置的电风扇，靠内置的水泵使水在机内不断循环从而将周围的空气冷却，这样扇叶送出的风就有了冷的感觉。业内人士称之为物理储能制冷。

【活动二】空调扇智能芯片选择

1. 空调扇功能分析

（1）开机 / 调速。接上电源后，所有指示灯都熄灭。按下"开机 / 风速"键，开机指示灯亮，蜂鸣器"嘀"声响起，空调扇默认自然风、低挡风速、定向风方式送风，再按"开机 / 风速"键可以循环调整 3 挡风速。每按一次蜂鸣器响应一次，提示按键有效。这里，一个"开机 / 风速"键输入，四个输出分别是开机指示灯、蜂鸣器送风电动机及自然风指示灯，风速的调整与项目五中按摩力度调整类同，可以用 PWM 控制技术实现，无须增加负载。

（2）工作过程

1）"制冷／加湿"。开机状态下，按下最左边的"制冷／加湿"键，水泵工作，吹出带一定湿度的风。如果在下水箱放上预先冷冻的冰晶则吹出凉风。再按一次，则该功能停止，相应指示灯灭。这里，一个"制冷／加湿"键输入，两个输出分别是加湿指示灯和水泵。

2）模式切换。开机状态下，按下"模式"键，切换送风模式自然风或持续风，对应指示灯亮、灭。这里有一个"模式"键输入、一个持续风指示灯输出，模式的切换与项目五中按摩力度调整类同，可以用 PWM 控制技术实现，无须增加负载。

3）风向切换。开机状态下，按下"风向"键，切换扫风或定向风状态，扫风时，风叶摇摆指示灯点亮。这里有一个"风向"键输入，两个输出分别是风扇摇摆指示灯和驱动风扇摇摆的小直流电动机。

4）定时。开机状态下，按下"定时"键，0.5 h 指示灯亮，每按一次，定时时间增加0.5 h，指示灯按累计的时间对应地亮灭。这里，一个"定时"键输入，4 个定时指示灯输出。由于定时时间比较长，如果采用前几个项目中用 delay（）延时函数软件延时，让芯片长时间地执行延时程序，这将会大大占用芯片资源，可以考虑采用单片机的定时器。

（3）关机。开机状态下，按下"关机"键，空调扇停止工作，所有指示灯都熄灭。这里有一个"关机"键输入。

显然，空调扇操作简单，功能、模式较多，但结构比较常规，共有 6 个按键输入，9 个LED 指示灯、蜂鸣器及水泵、风机及摆叶电动机输出。

2. 解读空调扇智能芯片要求

（1）输入和输出。根据空调扇功能要求，空调扇控制器需 6 个输入、13 个输出。6 个输入对象均为按键类型，分别是开机／风速、关机、风向、定时、模式和制冷／加湿按键。输出口驱动对象分别为 9 个 LED 指示灯、1 个水泵、1 个风机、1 个摆叶直流电动机、1 个蜂鸣器，共需要 19 个 I/O 接口。所以单片机的输入和输出接口至少 19 个以上。

（2）驱动能力。从输出驱动要求看，输出口驱动对象分别为 9 个 LED 指示灯，可由单片机直接驱动。1 个水泵、1 个摆叶直流电动机都是小电动机，单片机不能直接驱动，都必须由继电器驱动。1 个蜂鸣器如前述项目可经晶体管放大电路放大后驱动。1 个风机需220 V 供电，更有调速功能，可用可控硅实现。

（3）性价比。现在市场上单片机种类较多，品牌各异。选择时要多查询，尽可能选择性价比高的芯片，以降低生产成本，提高市场竞争力。

3. 空调扇智能芯片选择

根据对空调扇的功能分析和对智能芯片的要求分析，可供使用的单片机比较多。

方案一：一个比较经济的方案是选用与项目五相同的 PIC16F54 单片机。PIC16F54 共有12 个通用 I/O 接口，不能满足 19 个 I/O 接口的需要。PIC 单片机允许分时复用每一个 I/O 接口，即在检测按键时把该引脚作为输入，其他时间段则作为输出，控制一个指示灯或其他外围电路。因此，只有 12 个 I/O 接口的 PIC16F54 也可以检测 12 个输入信号和控制 12 个输出，也能满足本项目需求，该方案的优点是能较好地控制生产成本。缺点是分时复用明显增加电路的复杂性和控制程序编写难度，也不适宜控制高速器件。

方案二：选用 I/O 接口超过 19 个，价格较低的单片机，如带有 22 个 I/O 接口的 PIC16F72，该方案编写的控制程序简单稳定。PIC16F72 自带 PWM 硬件电路。该方案的优点是编程简单，电路简单，硬件 PWM 可以确保调速平稳准确。缺点是价格比方案一高 1 元人民币左右。空调扇的产品附加值比较高，市场平均售价超过 200 元人民币，单片机成本约占产品售价 1.5%，换来电路与编程的简单、稳定，从性价比上比较也是划算的。

综上所述，本项目选择方案二，选用 28 只引脚的 Microchip PIC16F72 的单片机。

它是一种 28 只引脚、22 个通用 I/O 接口且 I/O 接口驱动能力强的闪存单片机，2 K 字节 ROM 和 128 字节 RAM。除了普通 I/O 接口之外，PIC16F72 内部集成 10 位 PWM 硬件电路、5 通道的 8 位模数转换电路（ADC），1 个 8 位定时器，2 个 16 位定时器，最大语句频率为 20 MHz。为以后产品升级和高端功能开发留下充分空间。其外形和引脚如图 7—3 所示，其引脚功能说明见表 7—1。

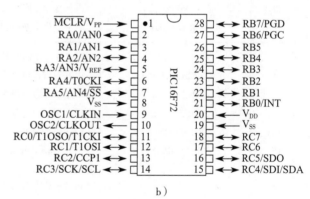

a）   b）

图 7—3   PIC16F72 外形及引脚排列

a）外形 b）引脚排列

表 7—1   PIC16F72 引脚功能说明

引脚序号	管脚名称	功能描述
9	OSC1/CLKIN	振荡器晶振输入 / 外部时钟源输入
10	OSC2/CLKOUT	振荡器晶振输出。在晶振模式连接到晶体振荡器或谐振器。在 RC 模式下，OSC2 引脚可以输出 CLKOUT，其频率为 OSC1 的 1/4，也可检测单片机语句周期速度
1	$\overline{MCLR}$/V_{PP}	主复位输入及低电平有效器件复位 / 编程电压输入

引脚序号	管脚名称	功能描述
2	RA0/AN0	PORTA 是双向 I/O 接口 RA0 引脚也是模拟输入通道 0
3	RA1/AN1	RA1 引脚也是模拟输入通道 1
4	RA2/AN2	RA2 引脚也是模拟输入通道 2
5	RA3/AN3/V_{REF}	RA3 引脚也是模拟输入通道 3 或模拟参考电压输入
6	RA4/T0CKI	RA4 引脚也可以作 Timer0 时钟输入。输出是 Open Drain 输出
7	RA5/AN4/$\overline{SS}$	RA5 引脚也是模拟输入通道 4 及 SSP 同步串行通信的从机
21	RB0/INT	PORTB 是双向 I/O 接口，PORTB 所有引脚作输入时可以软件配置为内部弱上拉输入 RB0 引脚同时也是外部中断输入
22	RB1	双向 I/O 接口
23	RB2	双向 I/O 接口
24	RB3	双向 I/O 接口
25	RB4	电平变化中断引脚
26	RB5	电平变化中断引脚
27	RB6/PGC	电平变化中断引脚，串行编程烧写时钟信号
28	RB7/PGD	电平变化中断引脚，串行编程烧写数据通信
11	RC0/T1OSO/T1CKI	PORTC 双向 I/O 接口 RC0 引脚也可以作 Timer1 脉冲输出或 Timer1 时钟输入
12	RC1/T1OSI	RC1 引脚也可以作 Timer1 脉冲输入
13	RC2/CCP1	RC2 引脚也可以作 CCP1 输入 / 比较器输出 /PWM 输出
14	RC3/SCK/SCL	RC3 引脚也可以作 SPI 或 I²C 同步串行通信时钟输入或输出
15	RC4/SDI/SDA	RC4 引脚也可以作 SPI 模式下 SPI 数据输入或 I²C 模式下 I²C 数据输入和输出
16	RC5/SDO	RC5 引脚也可以作 SPI 模式下 SPI 数据输出
17	RC6	双向 I/O 接口
18	RC7	双向 I/O 接口
8/19	V_{SS}	逻辑电路和 I/O 引脚的接地参考点
20	V_{DD}	逻辑电路和 I/O 引脚的正向电源

【活动三】空调扇智能芯片引脚分配及外围电路分析

尽管采用单片机方案，空调扇控制电路输入、输出数量比较多，相对而言，空调扇控制电路的外围电路比较复杂，如图 7—4 所示为空调扇控制电路。具体输入、输出信号，引脚分配及作用或意义见表 7—2。

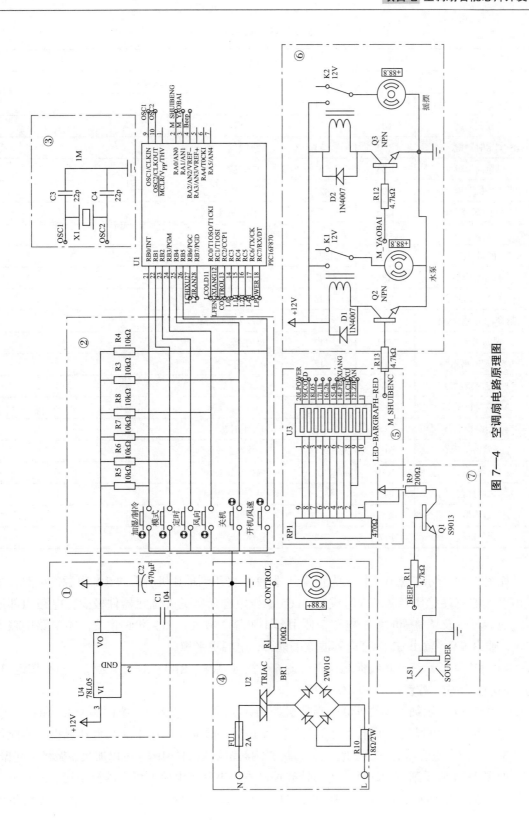

图 7—4 空调扇电路原理图

表 7—2   输入、输出信号表

输入信号			
信号名称	分配引脚	引脚编号	意义或作用
"加湿 / 制冷"键	RB0	21	加湿 / 制冷控制
"模式"键	RB1	22	模式控制
"定时"键	RB2	23	定时控制
"风向"键	RB3	24	风向控制
"关机"键	RB4	25	关机控制
"开机 / 风速"键	RB5	26	开机 / 风速控制

输出信号			
控制对象	分配引脚	引脚编号	意义或作用
持续风指示灯	RB6	27	持续风指示
自然风指示灯	RB7	28	自然风指示
制冷 / 加湿指示灯	RC0	11	制冷 / 加湿指示
风向指示灯	RC1	12	风向指示
0.5 h 定时指示灯	RC3	14	0.5 h 定时指示
1 h 定时指示灯	RC4	15	1 h 定时指示
2 h 定时指示灯	RC5	16	2 h 定时指示
4 h 定时指示灯	RC6	17	4 h 定时指示
工作状态指示灯	RC7	18	工作状态指示
水泵	RA0	2	水泵控制
风向摇摆	RA1	3	风向摇摆控制
蜂鸣器	RA2	4	蜂鸣器控制
送风电机	RC2	13	送风电动机控制

如图 7—4 所示细点画线框①为直流电源 12 V 变压到单片机所需的 5 V 电源的电路，主要由经典的三端稳压器 78L05 组成。78L05 稳压电源所需的外围元器件极少，电路内部还有过流、过热及调整管的保护电路，使用起来可靠、方便，而且价格便宜。本电路中输入 12 V，输出 5 V，输出 C1、C2 电容滤波去耦合，电源更平稳。

如图 7—4 所示细点画线框②为空调扇 6 个按键电路，RB0 ~ RB5 作为输入检测按键口，与前面项目相同，按键采用 10 kΩ 电阻上拉。

如图 7—4 所示细点画线框③为单片机控制系统的时钟电路。主要由晶振 X1 和 C3、C4 两个电容组成。电风扇里的单片机不需要高速运行，故晶振选用 1 MHz 低速晶振，节能稳定。C3、C4 两个电容器的一端接地，另一端分别接晶振的两只引脚，可以加快晶振稳定起振。

如图 7—4 所示细点画线框④为可控硅控制直流电动机电路。可控硅控制端输入高电平时导通，低电平时截止。可控硅控制端（CONTROL）接到单片机 RC2 端，由单片机生成

PWM 控制信号，控制快速通断型可控硅以控制流过的电流大小，从而达到控制电动机转速的目的。通过可控硅的交流电经桥堆整流得到直流电，供直流电动机工作。

如图 7—4 所示细点画线框⑤面板上的指示灯电路。本项目指示灯较多，共 9 个 LED 指示灯，RB6 ~ RB7、RC0 ~ RC1、RC3 ~ RC7 作为输出控制各项功能的指示灯。持续风指示灯和自然风指示灯不会同时点亮，可以共用一个限流电阻，其余 7 只指示灯均有可能同时点亮，故各要一只电阻。8 只电阻可以使用一个排阻代替，减少电路板空间。所有指示灯的阳极经电阻接到 +5 V电源，阴极各自接到单片机的 I/O 接口。当单片机对应 I/O 接口输出低电平时，LED 指示灯点亮。

如图 7—4 所示细点画线框⑥为两路继电器控制电路。RA0、RA1 作为输出通过继电器、晶体管分别控制水泵、摆叶电动机。这两路负载均是 12 V 小功率直流电动机，控制电路与原理与前面项目相同。

如图 7—4 所示细点画线框⑦为蜂鸣器驱动电路。RA2 作为输出通过晶体管放大直接能驱动小型有源蜂鸣器。当按键按下，蜂鸣器发出声音"嘀"响应用户操作。

因外围电路较多，这里只给出与单片机相关的部分电路图，完整电路图还包含交流电源 AC 220 V 到直流 DC 12 V 的整流变压等部分。

【活动四】空调扇智能控制程序流程框图编制

按功能要求画出程序流程框图。PIC16F72 集成资源丰富，拥有 10 位硬件 PWM，定时器中断等硬件，给开发工作带来极大便利。由于要求的延时时间较长，如果采用软件延时将大大占用 CPU 资源。这里利用该芯片的定时器中断功能节约 CPU 资源。该芯片有 3 个定时器，这里采用定时器 0 作为定时中断。开机时只要对定时器做好适当的初始化工作并启动定时器，它就会独立于 CPU 开始计时。计时时间到，它就会发出一个溢出信号 T0IF 作为中断标志位向 CPU 提出中断请求。这时 CPU 就会暂停当下工作响应中断请求做出相应处理。这样就把较长时间的延时工作交给了定时器完成，大大减轻了 CPU 的负担。

本项目软件开发流程主要有主程序流程和定时器流程两部分。

第一部分，主程序流程。通电后，单片机先执行一系列初始化操作，包括输入和输出设置，定时器 0 初始化，PWM 初始化。之后进入空闲状态。空闲状态下关闭所有的负载和指示灯，并检测开机按键信号。检测到开机信号后，先进入工作准备状态，设置好各指示灯和负载的状态，进入低挡风力工作状态。工作状态主要根据当前的风力速度挡位和送风模式发 PWM 方波控制风扇电动机运行，根据状态标记位输出指示灯和负载的控制信号。之后依次检测"关机"键、"开机 / 速度"键、"模式"键、"风向"键、"加湿"键、"定时"键信号，并设置相应的状态标记位。检测到"定时"键信号时，打开定时功能，并增加 30 min 的定时时间，每按一次增加 30 min。按 15 次后，设定了最长的定时 450 min，即 7.5 h。定时时间同步通过 4 个 LED 指示灯显示。再一次按下"定时"键，关闭定时功能，定时时间清零。

第二部分，定时器流程。定时器中断约 200 ms 发出一个触发信号，提出中断申请且自动开始下一轮定时，计数值加 1，计满 5 次即为 1 s。每次触发先重置定时器初值，判断是否计满 5 次，若满 5 次再判断定时功能是否打开，再更新倒计时时间。

空调扇智能控制参考程序流程框图如图 7—5 所示。

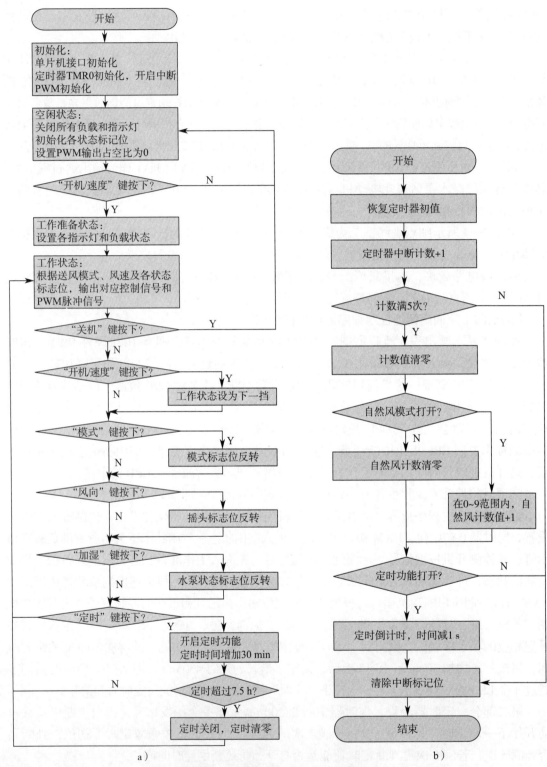

图7—5 空调扇智能控制程序流程框图

a）空调扇工作主流程图 b）定时器中断流程图

爱问小博士

中断是什么意思？

在程序运行过程中，系统出现了一个必须由 CPU 立即处理的情况，此时，CPU 暂时中止程序的执行转而处理这个新的情况的过程就叫作中断。中断是 CPU 对系统发生的某个事件做出的一种反应。引起中断的事件称为中断源。一台处理机可能有多个中断源，一般有机器故障中断、输入—输出设备中断、外中断（包括来自控制台中断开关、计时器、时钟或其他设备，这类中断的处理较简单，实时性强）及调用管理程序中断。

中断源向 CPU 提出处理的请求称为中断请求。发生中断时被打断程序的暂停点称为断点。CPU 暂停现行程序而转为响应中断请求的过程称为中断响应。处理中断源的程序称为中断处理程序。CPU 执行有关的中断处理程序称为中断处理。而返回断点的过程称为中断返回。

中断的实现需要软件和硬件相结合完成。这里的定时器就是该单片机拥有的中断硬件。当按下"定时"键时就相当于提出了定时中断请求，单片机暂停现行程序进入中断计时程序。定时器的工作独立于上述流程，且具有更高优先级。当满足定时器触发条件，立即暂停当前工作，去执行定时器计时工作，完成定时器流程后，返还原暂停位置继续执行先前的工作。如图 7—6 所示。不过中断定时器在使用之前必须预先做好各种设置，具体见代码说明第 46 ～ 第 55 行。

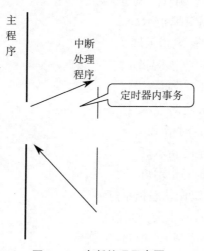

图 7—6 中断处理示意图

【活动五】空调扇程序编制、调试

按程序流程框图，在软件开发平台 MAPLAB IDE V8.20a 中进行程序编制并调试，程序编写采用 C 语言。参照项目一的方法新建一个工程 Proj7。结合绘制的程序流程框图与电路原理图，具体代码如下：

```
1   /*
2   2018-12-11 更新
3   2017-9-10 创建，经仿真 Proteus 测试与实际电路板测试
4
5   空调扇项目代码。1 MHz 晶振，中断计时，PWM 调速
6   描述：6 个按键，9 个指示灯，2 个继电器负载，1 个可控硅负载
7       风扇可加湿制冷，3 挡调速，16 挡定时（每挡 30 min）、显示、摇头、
8       切换自然风与持续送风
9
10  HI-TECH C PRO for the PIC10/12/16 MCU family (Lite)  V9.60PL5
11  MAPLAB 8.20a
12  */
13  #include <pic.h>
14  #define keyCold RB0//"制冷 / 加湿"键
15  #define keyMode RB1// 自然风 / 持续风"模式"键
16  #define keyTime RB2//"定时"键
17  #define keyDir  RB3//"风向"键
18  #define keyOff RB4//"关机"键
19  #define keySpeed RB5//"开机 / 风速"键
20  #define Lchixu RB6// 持续风指示灯
21  #define Lziran RB7// 自然风指示灯
22  #define Lcold RC0// 制冷 / 加湿指示灯
23  #define Lfengxiang RC1// 风向指示灯
24  #define L05 RC3 //0.5 h 定时指示灯
25  #define L1h RC4 //1 h 定时指示灯
26  #define L2h RC5//2 h 定时指示灯
27  #define L4h RC6//4 h 定时指示灯
28  #define Lpower RC7 // 工作状态指示灯
29  #define Mshuibeng RA0 // 水泵控制信号
30  #define Myaobai RA1 // 摇头电动机控制信号
31  #define Beep RA2 // 蜂鸣器控制信号
32  #define control RC2 // 风扇风机控制
33  unsigned char status, count, showTime, naturesec; // 状态、倒计时计数、倒计时显
        示、自然风计时变量
```

```
34    unsigned int sec; // 定时计时变量
35    bit keyEn; // 按键允许
36    bit OFshuibeng, OFyaobai, OFbeep, OFmode, OFTime;
37    // 水泵、摇摆电动机、蜂鸣器、送风模式、定时器开关标志位
38    void portInit ( )        // 单片机接口初始化函数
39    {
40            TRISA=0x00; //PORTA 接口全部作为输出
41            TRISB=0x3f; //RB0 ~ RB5 作输入，RB6、RB7 作为输出
42            TRISC=0x00; //PORTC 接口全部作为输出
43            T1CON=0; // 配置 RC1、RC0 作普通 I/O 接口
44            ADCON1=0x07; // 配置 PORTA 接口全部为普通 I/O 接口
45    }
46    void timerInit ( )// 定时器 0 初始化，定时器 0 用作风扇定时计时
47    {
48            PSA=0; // 预分频器分配给定时器 0
49            PS2=1; PS1=1; PS0=1; //256 分频
50            TMR0=(unsigned char)(256−0.2*1000000/4/256); //TMR0=61;
51            T0IF=0; // 清除定时器中断标记
52            T0CS=0; //OPTION 的 bit5 为 0，表示 TMR0 使用单片机的时钟
53            T0IE=1; // 定时器 TMR0 中断允许
54            GIE=1; // 打开总中断开关
55    }
56    void pwmInit ( )
57    {
58            TRISC2=0; //RC2/CCP1 引脚为输出
59            CCP1CON=0x0c; // 配置为 PWM 模式，并设置 CCPxX、CCPxY 为 0
60            CCPR1L=0x0; // 配合 CCPxX：CCPxY，占空比为 0
61            T2CKPS1=1; // 设置 TMR2 的预分频为 1：16，T2CON 的 bit1
62            PR2=155; //PWM 频率 =(PR2+1)×4×TOSC×TMR2 预分频
63    }
64    void delay (unsigned int t)
65    {
66            while (−−t);
67    }
```

```
68   void outBeep ( )// 蜂鸣器发出声音
69   {
70           Beep=1;
71           delay (3000);
72           Beep=0;
73   }
74   void getKey ( ) // 按键扫描函数
75   {
76           if (keyOff==0) // "关机" 键
77           {
78                   delay (2000);
79                   if (keyOff==0)
80                   {
81                           keyEn=0;
82                           status=0;
83                           outBeep ( );
84                   }
85           }
86           if (keySpeed==0)
87           {
88                   delay (2000);
89                   if (keySpeed==0)
90                   {
91                           keyEn=0;
92                           status++;
93                           if (status==5) status=2;
94                           outBeep ( );
95                   }
96           }
97           if (keyMode==0) // "模式" 键
98           {
99                   delay (2000);
100                  if (keyMode==0)
101                  {
```

```
102                          keyEn=0;
103                          OFmode=!OFmode;
104                          outBeep ( );
105                      }
106                  }
107          if (keyDir==0) // "风向" 键
108          {
109              delay (2000);
110              if (keyDir==0)
111              {
112                      keyEn=0;
113                      OFyaobai=!OFyaobai; // 按一次开，再按一次关闭
114                      outBeep ( );
115              }
116          }
117          if (keyCold==0) // "制冷加湿" 键
118          {
119              delay (2000);
120              if (keyCold==0)
121              {
122                      keyEn=0;
123                      OFshuiben=!OFshuiben; // 按一次开，再按一次关闭
124                      outBeep ( );
125              }
126          }
127          if (keyTime==0) // "定时" 键
128          {
129              delay (2000);
130              if (keyTime==0)
131              {
132                      keyEn=0;
133                      OFTime=1; // 开启定时
134                      sec+=1800; // 每按一次 sec 加 1 800 s，即定时增加 30 min
135                      if (sec>27000)
```

```
136                          {
137                                  sec=0; // 最长定时 27 000 s，即 7.5 h
138                                  OFTime=0; // 关闭定时
139                          }
140                      outBeep ( );
141                  }
142          }
143  }
144  void outPut ( ) // 输出各负载控制信号和指示灯信号
145  {
146          Lchixu=OFmode;
147          Lziran=!OFmode;
148          Myaobai=OFyaobai;
149          Lfengxiang=!OFyaobai;
150          Mshuibeng=OFshuibeng;
151          Lcold=!OFshuibeng;
152          if (sec!=0 && OFTime==1)
153          {
154                  showTime=sec/1800+1;
155                  L4h=! ((showTime&0x08)>>3);
156                  L2h=!((showTime&0x04)>>2);
157                  L1h=!((showTime&0x02)>>1);
158                  L05=! (showTime&0x01);
159          }
160          else
161          {
162                  L4h=L2h=L1h=L05=1;
163          }
164  }
165  void main ( )
166  {
167          portInit ( ); // 单片机接口初始化
168          timerInit ( ); // 调用定时器 0 初始化函数
169          pwmInit ( ); // 调用 PWM 硬件初始化
```

```
170          while (1)
171          {
172                  switch (status)
173                  {
174                      case 0: PORTA=0; PORTB=0xff; PORTC=0xfb; CCPR1L=0x0;
175  OFTime=0; OFmode=0; OFyaobai=0; OFshuibeng=0;
176                          break; // 空闲状态
177                      case 1: PORTA=0; PORTB=0x80; PORTC=0x7f; status++;
                          TMR2ON=1;
178                      case 2: if (OFmode==1 && naturesec<5) CCPR1L=0x0;
179                              else CCPR1L=0x1f; outPut ( );
180                              break;// 工作状态低速风
181                      case 3: if (OFmode==1 && naturesec<5) CCPR1L=0x0;
182                              else CCPR1L=0x3f; outPut ( );
183                              break;// 工作状态中速风
184                      case 4: if (OFmode==1 && naturesec<5) CCPR1L=0x0;
185                              else CCPR1L=0x5f;outPut ( );
186                              break; // 工作状态高速风
187                  }
188              if (keyCold==1 && keySpeed==1 && keyTime==1
189                  &&keyMode==1 &&keyOff==1 && keyDir==1) keyEn=1;
190                  // 若无按键按下，则使按键许可
191              if (keyEn) getKey ( ); // 若按键允许，则扫描按键
192          }
193  }
194  void interrupt TMR0_Interrupt_Refresh ( )
195  {
196          if (T0IF) // 检测到是定时器 0 中断
197          {
198              TMR0=61; // 恢复定时器初值，一次中断约 200 ms
199              count++;
200              if (count==5)
201              {
202                  count=0; // 计满 5 次，约 1 s
```

```
203                        if (OFmode==1) naturesec=0; // 持续风
204                        else   // 自然风
205                        {
206                                naturesec++;
207                                if (naturesec==10) naturesec=0;
208                        }
209                        if (OFTime==1)        // 风扇定时功能开的状态才倒计时减
210                        {
211                                sec--;
212                                if (sec==0)status=0;   // 倒计时时间到，关风扇，进入
空闲
213                        }
214                    }
215                    T0IF=0;  // 清除中断标记
216            }
217 }
```

【代码说明】

第 1 ~ 第 11 行：工程注释，简要写明工程概要信息。

第 13 行：引入 PIC 单片机资源定义头文件。

第 14 ~ 第 32 行：预定义单片机引脚，以易读的名称代替各输入和输出接口，增加代码的可读性。本项目输入和输出引脚较多，若不使用预定义名称的方法，编程过程中分辨各引脚将是件极其劳费心神的事。具体按键名称详见代码注释部分。

第 33 ~ 第 34 行：定义程序中需要的变量。与前面项目一样，status 作为状态控制字，表示 status 与状态对应关系。showTime 用于定时指示灯状态显示。

第 35 ~ 第 37 行：定义各负载状态标志位，详见注释。

第 38 ~ 第 45 行：单片机各端口初始化函数。该单片机共有 RA、RB、RC 三组 I/O 接口，每一组的输入、输出设置分别有对应的 TRISA、TRISB、TRISC 三个输入、输出配置寄存器控制。根据电路图及管脚分配，第 40 ~ 第 42 行设置了 RA 接口全部为输出口，RB0 ~ RB5 为输入口，RB6、RB7 为输出，RC 口全部为输出口。

但由于有些管脚有第二功能，所以还有对应的管脚功能设置寄存器进行控制。RC0、RC1 兼具定时器 1 的脉冲输入、输出引脚，需要由定时器 1 控制寄存器 T1CON 进行配置，如第 43 行。T1CON 也是一个 8 位寄存器，主要是用来配置定时器 1 的功能。其最低位设为 0 时，表示定时器 1 关闭定时功能，这样 RC0、RC1 就可作为普通 I/O 接口，而不作为定时器 1 的脉冲输入、输出引脚。具体可参考该芯片的数据手册。RA 接口又兼具模拟信号输入

端，由 RA 通道功能控制寄存器 ADCON1 进行配置，如第 44 行。

第 46～第 55 行：定时器 TIMER0 的初始化函数。

 爱问小博士

定时器是什么？定时器可以用来做什么？

单片机中的定时器实质上是一个定时器 / 计数器，可实现定时和计数功能，是单片机中效率高且工作灵活的部件，其工作方式、定时时间、启停等均可通过编程对定时器及相关硬件的设置实现控制。在定时器使用前都必须进行必要的设置，称为初始化。

前述的几个项目中所有的延时、定时都是通过软件来实现的。如果功能简单，延时时间短，这也是一个不错的方法，因为带定时器的芯片相对要贵一些。但当延时或定时时间较长时，这种方法就不可取了，因为这样会大大占用 CPU 资源，对 CPU 的内存也提出了更高的要求。有了定时器，实现延时、定时等功能均不需要占用 CPU 资源。

定时器的好处在于，只要在程序中对定时器进行适当的初始化，程序执行时，定时器独立于 CPU 进行计时，计时时间到，它会发出一个溢出信号，即计满信号，一方面向 CPU 发出中断请求，提醒 CPU 该做哪些相关工作，另一方面又将自己复位到初值进行下一轮的计时。

本芯片共有 3 个定时器，一个 8 位的定时器 0（TIMER0），两个 16 位的定时器 1（TIMER1）、定时器 2（TIMER2）。这里用到了 TIMER0。控制定时器 TIMER0 相关硬件有定时计数器 TMR0、中断配置寄存器 INTCON 及选项寄存器 OPTION。

TMR0 寄存器实际上是一个 8 位的递增计数器，它对接收的脉冲进行计数，来一个加一个，计数范围为 0x00～0xFF，当计满 0xFF 后发出信号将定时器 0 中断标志位 T0IF 置 1，并自动进入下一轮计数，实现延时。按照延时的时间长短可设置 TMR0 的初值。这里设置初值为 61（定时器中断时间为 200 ms，定时器计数时针频率为 1 MHz 的 4 分频再 256 分频）。

定时器 TIMER0 的计数时钟源可以是外部引脚 RA2 输入，也可以使用内部的系统时钟，频率为晶振频率的 1/4。这需要在选项寄存器 OPTION 的 bit5 位进行设置，当第 5 位 T0CS 设置为 0 时，则指定使用内部系统时钟，即代码第 52 行。为延长计数时间，还可以再设置定时器 TIMER0 时钟频率。这个工作在选项寄存器 OPTION 的 bit3 位及 bit2～bit0 位进行设置，称为预分频器设置。当第 3 位 PSA 为 0 时，将预分频器分配给定时器 0（TIMER0），PSA 为 1 时将预分频器分配给看门狗（WDT）。预分频器可以进行 8 个规格的分频，由 bit2～bit0 位设置。当 PS2～PS0 取 000～111，可分别提供 1：2、1：4、1：8、1：16、1：32、1：64、1：128、1：256。本项目配置见表 7—3，时钟设为内部系统时钟且采用 256 分频。

表 7—3   定时器 0 的选项寄存器 OPTION 配置

bit7	bit6	bit5	bit4	bit3	bit2	bit1	bit0
RBPU	INTEDG	T0CS	T0SE	PSA	PS2	PS1	PS0
		0		0	1	1	1

当 TMR0 计数满时将从 0xFF 到 0x00 跳变，此时产生溢出中断，在硬件上置定时器中断标志位 T0IF 为 1，向 CPU 发出中断请求，CPU 通过读标志位信息就知道是否有中断请求产生。

另外，要使 TIMER0 中断起作用，还需打开中断响应的开关。这由中断配置寄存器 INTCON 来设定。INTCON 配置寄存器是单片机配置、使用中断资源的核心寄存器。它是一个 8 位寄存器，具有中断使能控制和中断标记两大功能，每一位对应的配置功能见表 7—4。

表 7—4 INTCON 寄存器的配置

bit7	bit6	bit5	bit4	bit3	bit2	bit1	bit0
GIE	PEIE	TMR0IE	INTE	RBIE	TMR0IF	INTF	RBIF
中断使能总开关	外围器件中断使能开关	定时器 0 溢出中断使能开关	外部中断使能开关	RB 接口电平变化中断使能开关	定时器 0 中断触发标记	外部中断触发标记	RB 接口电平变化触发标记

表 7—4 中，INTCON 的高 5 位是中断使能的配置，中断使能位又称中断屏蔽位，每一位配置名称均以字母"E"结尾，取英文单词允许"Enable"首字母，默认状态为 0，即中断屏蔽。若要中断开放，可由用户根据需要在程序中设置。具体含义如下：

GIE：中断使能总开关，设置为 1 开启、0 关闭。这个位若设置为关闭，单片机所有的中断都不会触发。如第 54 行 GIE 为 1 表示中断总开关打开。

PEIE：外围器件中断使能开关，设置为 1 开启、0 关闭。这个位若设置为开启，单片机能响应其他的外围器件中断。

PIC 单片机系列的中断源有两个梯队。第一梯队中只安排了 3 个中断源，即上述表格列出的定时器 0（TMR0）、外部中断（INT）、RB 接口电平变化（RB）。但在实际应用中，为了使外围器件尽可能地不占用单片机 CPU 资源，如常用的 A/D 转换、串行通信等其余的中断源全部安排到第二梯队中。外围器件的中断信号是否响应，统一由 PEIE 控制。

TMR0IE：定时器 0 溢出中断使能开关，设置为 1 开启、0 关闭。这个位若设置为开启，单片机能响应定时器 0 中断，能在此基础上处理各种与时间相关的事务。如第 53 行设 T0IE 为 1 表示定时器中断允许。

INTE：外部中断使能开关，设置为 1 开启、0 关闭。这个位若设置为开启，单片机能响应指定引脚的中断。本项目所用单片机 PIC16F72 的外部中断（INT）引脚是 RB0（见表 7—1），本设计中 RB0 引脚只作为常规输入接口，未作为中断引脚。

RBIE：RB 接口中断使能开关，设置为 1 开启、0 关闭。PIC16F72 还可以检测 RB 接口电平变化并触发中断。这个位若设置为关闭，单片机不会响应 RB 接口电平变化中断。这里需要注意，RB 接口电平变化中断是指 RB7～RB4 端口电平变化，不包含

RB3～RB0。

总之，不管是第一梯队还是第二梯队，要想让中断申请有效，必须预先对这些使能控制开关进行设置。所有的中断源都受"全局中断屏蔽位"（也称总屏蔽位）GIE 的控制；第一梯队的中断源不仅受 GIE 的控制，还要受各自中断屏蔽位的控制；第二梯队的中断源不仅受到 GIE 和各自中断屏蔽位的控制，还要受到一个外设中断屏蔽位 PEIE 的控制。

一个中断源是否发生了中断请求需要有一个标记，CPU 检测到这个标记有效时就表明该标记对应的中断源发起了中断请求，CPU 就会暂停正在执行的程序转而去执行中断程序，中断程序处理完毕又回到刚才暂停处继续执行原程序。所以，每一个中断源都对应有一个中断标志位。表 7—4 中 INTCON 的低 3 位就是第一梯队三类中断对应的中断触发后的状态反馈，即中断标志位，以英文"Flag"的首字母 F 结尾，具体含义如下：

TMR0IF：TMR0 溢出中断标志位。读到 1，TMR0 已经发生了溢出，表示定时时间到；读到 0，TMR0 尚未发生溢出，表示定时时间未到。

INTF：外部 INT 引脚中断标志位。读到 1，外部 INT 引脚有中断触发信号；读到 0，外部 INT 引脚无中断触发信号。本项目所用单片机 PIC16F72 的外部中断（INT）引脚是 RB0，见表 7—1。

RBIF：RB 接口的 RB7～RB4 引脚电平变化中断标志位。读到 1，RB7～RB4 引脚中至少 1 只引脚已经发生了电平变化；读到 0，RB7～RB4 引脚尚未发生电平变化。

中断源产生的中断信号能否到达 CPU，都受控于相应的中断屏蔽位。当中断屏蔽位开放后，每个中断源申请中断时，对应的中断标志位会自动置位，发出请求。而每个中断屏蔽位的置位和中断标记清位需要用户在单片机程序中完成。如第 51 行设 T0IF 为 0 表示清除定时器中断标志，第 53 行和第 54 行分别设定时器中断控制和中断总控制均为允许。而本项目中外围器件中断和外部中断（INT）均未使用。

第 56～第 63 行：PWM 功能初始化函数。

 爱问小博士

这里的 PWM 与项目五中的 PWM 有什么不一样吗？

项目五采用的是软件实现，也需要占用 CPU 资源，这里用到的是芯片内置的 PWM 发生器，它是一个 10 位组件，占空脉冲可调范围为 0～（$2^{10}-1$）。PWM 位数越多，其速度可调挡位越多。例如，一个设定的 PWM 工作周期为 T，为了方便说明假设是一个 2 位的 PWM，则 PWM 的取值为 00、01、10、11，按照占空比的概念，其对应的占空比为 0、1/3、2/3、1，所以占空可调脉冲范围为 0～3，如图 7—7 所示。如果是 10 位 PWM 则其占空比可取值就有 $2^{10}-1$。可想而知 2 位的 PWM 调速只有 4 挡，10 位 PWM 调速就有 2^{10} 挡。

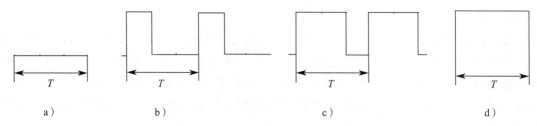

图 7—7　2 位 PWM 的 4 种可设占空比

a）占空比为 0　b）占空比为 1/3　c）占空比为 2/3　d）占空比为 1

PWM 产生的信号输出引脚位于 RC2，第 58 行首先设置 RC2 为输出引脚。该引脚可以工作于捕获 / 比较 /PWM 三个模式。若想让其工作在 PWM 模式，可通过对应的控制寄存器 CCP1CON 进行配置。CCP1CON 也是一个 8 位寄存器，当其低 4 位设为 11XX 时就工作在 PWM 模式，而该寄存器的 bit5（CCPxX）、bit4（CCPxY）分别作为 10 位 PWM 的最低 2 位，与占空比控制寄存器的低 8 位（CCPR1L）组成一个 10 位 PWM 发生器。CCP1CON 的 CCPxX、CCPxY 位于占空比控制的低 2 位（bit1～bit0），对 PWM 的占空比影响较小，令其默认为 0，如第 59 行。CCPR1L 是占空比控制的高位（bit9～bit2），故程序中调整风扇速度主要是修改 CCPR1L 的值。第 59～第 60 行配置了 PWM 模式及初始占空比为 0。

PWM 工作周期的设定直接关系到调速的平滑度。如前述的 2 位 PWM 工作周期 T 若为 1 s，占空比取值为 01，则相当于有约 0.33 s 的时间高电平输出，设备工作，而约 0.67 s 的时间低电平输出，设备不工作。这样的设备运行很明显就会有停、转起伏现象。若 T 为 10 ms，其他不变，尽管也有高、低电平输出，但设备的运行就没有停、转起伏现象，调速平滑，运行稳定。因此，PWM 工作周期的设定也很重要。它的设定与定时器 2（TIMER2）及工作周期寄存器 PR2 相关。具体为：

PWM 工作周期 =（PR2+1）×4×TOSC× 定时计数器 2（TMR2）预分频值

式中，TOSC 为内部时钟周期（内部时钟频率）为 1 MHz。定时计数器 2（TMR2）预分频值通过 T2CON 的 bit1～bit0 设置。当设为 00 时为 1:1，表示不分频；设为 01 时为 1:4，表示 4 分频；设 1x 时为 1:16，表示 16 分频。这里设置 bit1 为 1，表示定时计数器 2（TMR2）对晶振经 16 分频后的脉冲进行计数，以延长计时时间。定时计数器 2（TMR2）是一个 16 位计数器，计数范围从 0～（$2^{16}-1$），即最大计数值为 $2^{16}-1$，但为了获得一定的 PWM 工作周期，可通过设定定时器 2 中的周期寄存器 PR2 值来实现。工作时，定时器 2 从 0 开始计数，当计到与 PR2 设定值相等时一轮定时结束，作为 PWM 的工作周期。同时开始下一轮的定时。

根据经验，为了保证调速运行的稳定性，对一般机械设备调速时可取 PWM 工作周期为 10 ms，这样根据上述公式可计算得到 PR2 的设置值取 155，如第 62 行。

第 64～第 67 行：delay 延时函数。

第 68～第 73 行：蜂鸣器发出声音函数。

第 74～第 143 行：依次检测"关机"键、"开机 / 速度"键、"模式"键、"风向"键、

"加湿"键、"定时"键信号，并设置相应的状态标记位。按键采用延时去抖动。

第 127 ~ 第 142 行：定时功能代码。检测到"定时"键信号时，打开定时，并增加 1 800 s（30 min）的定时时间，每按一次增加一回。按 15 次后，设定了最长的定时 27 000 s，即 7.5 h。这里"+="为加后赋值运算符，表示 sec=sec+1800。

第 135 ~ 第 139 行：最高挡定时时，再一次按下"定时"键，关闭定时功能，定时时间清零。

第 144 ~ 第 164 行：根据状态字和负载标志位输出控制信号和指示灯信号。

定时时间也是通过 4 个 LED 指示灯显示。第 154 行将秒换算为每 30 min 为一挡的挡位，因定时功能打开后，sec 即开始倒计时，导致定时还有 29 min 多定时指示灯却不会显示。所以计算 showTime 挡位后再加 1，确保指示灯在定时完全结束后再熄灭。

第 165 ~ 第 193 行：主函数范围，主函数的代码顺序与程序流程框图基本一致。

第 167 ~ 第 169 行：调用各初始化函数。

第 172 ~ 第 187 行：根据状态 status 值输出各控制信号。如果是自然风模式，第 178 行的前 5 s 关闭风扇电动机，占空比设为 0；后 5 s 再打开，形成间歇送风效果。该功能通过对第 205 ~ 第 206 行定时器代码中的 naturesec 求余数运算得到的。这里 status 与工作状态的关系见表 7—5。

表 7—5　　　　　　　　　　状态变量 status 与工作状态的关系

序号	status 值	状态
1	0	空闲状态
2	1	工作准备状态
3	2	低速风工作状态
4	3	中速风工作状态
5	4	高速风工作状态

第 188 ~ 第 191 行：处理按键许可，避免按键代码一次按下，多次执行。

第 194 ~ 第 217 行：定时器 0 中断函数代码。定时器中断函数主要是倒计时计数，TMR0 初值设为 61，大概 200 ms 中断一次，每次中断计数值递增，计满 5 次为 1 s。以一次为基础得到各延时倒计时和自然风的送风参考时间。每次中断代码执行末尾，还需要清除中断标记。

【活动六】空调扇仿真验证

与项目六一样，本项目 Proteus 仿真有时候用 PIC16F870 代替 PIC16F72。如图 7—8 所示为绘制的空调扇 Proteus 仿真图。

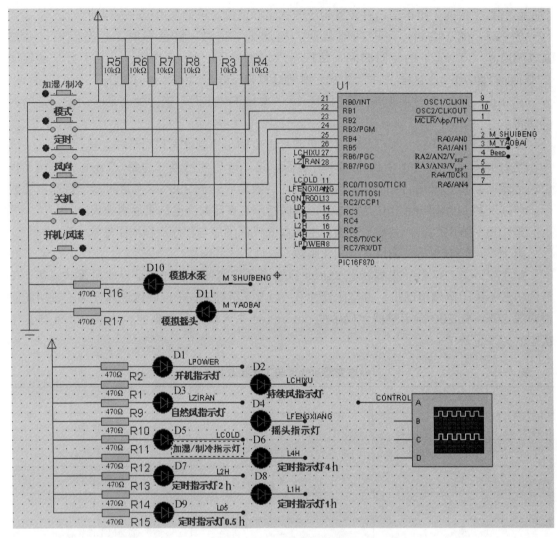

图 7—8　空调扇仿真图

仿真测试主要验证单片机程序的功能，因此，使用指示灯模拟外围电路和负载现象明显且直观。输出的控制信号是频率较高的 PWM 脉冲，无法用指示灯观察。与项目六一样，引入虚拟示波器查看输出现象。为布局简洁清楚，接线大量使用网络标号连接。

双击 PIC16F870，打开元器件编辑窗口。在"程序路径"（Program File）栏选择文件浏览小图标，找到 D：\MyProjs\Proj7.hex 文件；"工作频率"（Processor Clock Frequency）栏输入单片机运行的频率：1 MHz。程序配置字（Program Configuration Word）栏改为 0x3FF9，设置完毕单击"OK"按钮关闭元器件编辑窗口。运行仿真，观看模拟仿真效果。

通电后为初始状态，所有指示灯都是熄灭的，虚拟示波器 A 通道显示波形为一直线，如图 7—9 所示。此时按除"开机 / 风速"键外的其他按键，单片机对应引脚均有低电平信号，但指示灯、模拟负载没有得电，示波器波形依旧为直线。

图 7—9 空闲时 PWM 输出信号

按下"开机 / 风速"键,开机指示灯和持续风指示灯点亮,其余指示灯仍旧熄灭。示波器显示波形为低速挡波形(见图 7—10a),每个周期都输出一定时间高电平,高电平时间少于低电平时间。多次按下"开机 / 风速"键,波形依次切换为中速挡波形(见图 7—10b)和高速挡波形(见图 7—10c)。从图中也可看出,这两挡每个周期时间与低速挡相同,高电平所占宽度比前一挡位均有大幅提高。如果接上可控硅、风扇电动机,体现出的风力也将是低、中、高三挡风速。

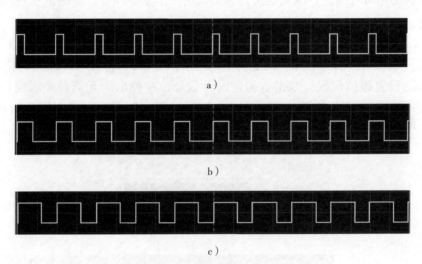

图 7—10 "开机 / 风速"键切换时 PWM 输出信号
a)低速挡波形 b)中速挡波形 c)高速挡波形

按下"加湿 / 制冷"键,加湿指示灯和模拟水泵指示灯点亮,意为水泵正抽水。其余指示灯、模拟负载及示波器波形依旧。再次按下"加湿 / 制冷"键,加湿指示灯和模拟水泵指示灯一起熄灭。其余负载不受影响。

按下"风向"键,摇头指示灯和模拟摇头电动机指示灯点亮,意为摇头电动机运行,带动风叶改变送风方向。其余指示灯、模拟负载及示波器波形依旧。再次按下"风向"键,摇头指示灯和模拟摇头电动机指示灯一起熄灭。其余负载不受影响。

按下"模式"键,持续风指示灯熄灭,自然风指示灯点亮,当前送风模式为自然风。示波器波形显示一段时间平直,一段时间有方波脉冲,如图 7—11 所示。而这正是自然风模式间歇性送风的特征之一。其间按下"开机 / 风速"键,方波脉冲的高电平宽度如图 7—10 中低、中、高三挡变化,但波形间歇性平直的现象依旧。再次按下"模式"键,切换回持续风模式,持续风指示灯点亮,自然风指示灯熄灭。

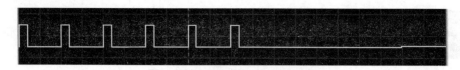

图7—11 自然风模式时 PWM 输出信号

按下"定时"键，0.5 h 定时指示灯点亮，意为定时 30 min。再次按下"定时"键，0.5 h 定时指示灯熄灭，1 h 定时指示灯点亮。第三次按下"定时"键，0.5 h 定时指示灯和 1 h 定时指示灯均点亮，此时定时时间为 1.5 h。多次按下"定时"键，定时时间计算以此类推。当 4 个定时指示灯全部点亮，按下"定时"键，4 个定时指示灯均熄灭，定时取消，负载输出情况依旧。再次按下"定时"键，重复上述现象。

程序编制的定时时间是否准确也是仿真调试的一个重要环节。以测试 0.5 h 定时时间是否准确为例。

第一步，添加仪器并连线。如图7—12 所示，仿真图中添加虚拟定时计数器，添加方法参考项目二。为虚拟定时计数器的 CE 引脚添加网络标号 L05，将其与 0.5 h 定时指示灯连接。

第二步，设置虚拟仪器。双击虚拟定时计数器，在弹出的元器件编辑窗口的"Count Enable Polarity"（计时允许极性）栏更改"High"为"Low"，意为 CE 引脚检测到低电平时开始计时。因计时时间超过 99 s，更改"Operating Mode"（工作模式）栏为"Time［hms］"。

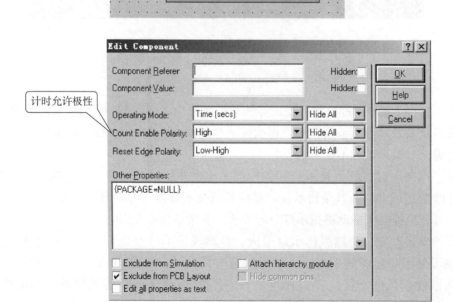

图7—12 虚拟仪器设置界面

第三步，加快测试速度。Proteus 仿真默认情况下，与单片机实际运行步伐基本一致，测试 0.5 h 的定时也需要 30 min 左右。可以设置 Proteus 仿真选项，加快仿真运行速度，以便快速获得仿真结果。

 小窍门

成为 Proteus 仿真高手

打开 Proteus 仿真软件 "System"（系统）菜单下的 "Set Animation Options..."（设置动画选项...）菜单项，打开 "Animated Circuits Configuration"（电路仿真配置）对话框，将 "Timestep per Frame"（每帧时间间隔）栏的 50 ms 改为 500 ms，如图 7—13 所示，单击 "OK" 按钮结束设置。这样仿真的速度提高到原来的 10 倍，原来 30 min 的测试只需 3 min 左右即可完成。再次运行仿真，让风扇运行，单击一次"定时"键，0.5 h 定时指示灯点亮，虚拟计时器也飞快地显示经过的时间。3 min 后，0.5 h 定时指示灯及所有指示灯都熄灭，虚拟示波器波形也变平直。虚拟计时器定格显示的时间为 0.29.58.244，非常接近预计的 30 min。其他定时时间的计时基准与 0.5 h 相同，故精度类似。

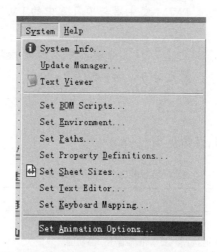

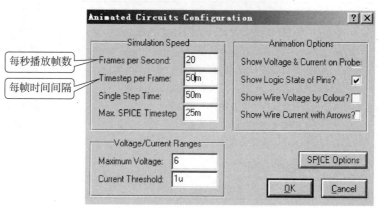

图 7—13　调整测试速度界面

按下"关机"键，所有指示灯和模拟负载均关闭，虚拟示波器波形也变为直线。

【活动七】空调扇智能芯片程序烧写

一般情况下，程序仿真测试正确后，再次检查用 ICD 2 连接计算机和芯片烧写器，单击工具栏上"Program Target Device"（对目标设备编程）按钮烧写程序。

重复单击烧写按钮，多烧几片作为样品交生产车间试用。一般样品提交 10 片左右，由生产车间实际安装，并进行相关功能测试。若符合要求，则芯片开发工作完成，可大批量烧录。若不符合要求，需协同车间对程序进行调试、仿真、测试，更改程序或电路板，直到符合要求为止。

 思考

1. 正确理解中断的概念，你认为前述的几个项目是否也可以用中断实现，如项目六中的温度采集是否可以采用中断实现，如可以怎么实现？并比较两种实现方法的优缺点。

2. 你接触的智能家用电器中，你认为哪些功能可能是用中断实现的？具体可能会用到哪些中断源？

3. 比较本项目中用到的内置 PWM 发生器与项目五中的 PWM 有什么区别？你认为可分别适用于哪些场景？

4. 比较各项目的程序流程框图和程序，分析其中有哪些模块在重复出现，你认为是否可以复制到其他哪些控制场景？需要时可做哪些修改？

四、项目评价

空调扇智能芯片开发项目评价见表7—6。

表 7—6   空调扇智能芯片开发项目评价

项目内容	配分	评分标准		扣分
项目认知	20	（1）不能按产品说明书正确操作	扣 5 分	
		（2）不能按控制要求正确描述产品功能	扣 5～15 分	
项目实施	70	（1）不能提供两种以上的芯片选择方案	扣 5 分	
		（2）不能根据提示编制程序流程框图或程序	扣 10 分	
		（3）不能阅读程序及调试程序	扣 10 分	
		（4）不能理解 C 语言及定时器中断等相关知识	扣 5～10 分	
		（5）程序流程框图不全或程序功能实现不全	扣 10 分	
		（6）不能实现仿真及解释仿真结果	扣 5～10 分	
		（7）不能使用虚拟示波器仿真	扣 5 分	
		（8）不能完成思考问题	1 个扣 2 分	
安全文明生产	10	违反安全生产规程	扣 10 分	
得分				

附录

电子电工实训安全制度

1.必须严格遵守学校和实训基地制定的各项规章制度，严格遵守安全操作规程，自觉服从管理，确保人身和设备安全。

2.进入电工电子实训室须穿电工鞋，不得穿拖鞋及背心。女学员必须戴工作帽，不许穿裙子和高跟鞋。

3.实训前做好预习，明确实训目的、要求，掌握实训的内容、方法和步骤，实训时不得大声喧哗和追逐打闹，保持正常教学秩序。

4.强电操作实训时，由实训指导教师或管理人员控制供电，学员不得擅自送电。

5.严格遵守"先接线后通电""先断电后拆线"的操作顺序。严禁带电操作，严禁双手同时接触任意两接线柱。要经常检查开关、插座、保险等电气设施，不得随意加大保险功率或用其他金属丝应急代替，不得超负荷用电，要按有关安全规程操作。

6.如遇触电事故，应首先切断电源；如遇其他意外事故发生，应保持冷静，听从指导教师指挥处理，并逐级上报。

7.严禁把实训室的仪器仪表、配件、模块等带出实训室外。

8.实训结束后，应及时做好各工位整理和室内的卫生，保持实训室的整洁有序。关好门窗，切断总电源，经实训指导教师检查合格后方可离开。

9.管理员要如实记载实训过程中相关的内容，并对损坏的仪表设备做出赔偿处理决定。

10.实训指导教师是实训操作时的第一安全责任人，管理员要协助做好安全教育工作和验收交接手续。

参考文献

［1］Dogan Ibrahim.PIC 项目实战［M］.李中华，张雨浓，邬伊林，等译 . 北京：人民邮电出版社，2010.

［2］张俊 . 匠人手记：一个单片机工作者的实践与思考［M］.第 2 版 . 北京：北京航空航天大学出版社，2014.

［3］周坚 . 平凡的探索：单片机工程师与教师的思考［M］.北京：北京航空航天大学出版社，2010.

［4］周志德 . 单片机原理及应用［M］.北京：高等教育出版社，2002.

［5］高涛，陆丽娜 .C 语言程序设计［M］.西安：西安交通大学出版社，2007.